늦깎이 까치부부와의 만남

늦깎이
까치부부와의
만남

초판 1쇄 발행일 2021년 04월 29일

지은이 오영조
펴낸이 이원중

펴낸곳 지성사 출판등록일 1993년 12월 9일 등록번호 제10-916호
주소 (03458) 서울시 은평구 진흥로 68 2층 (북측)
전화 (02) 335-5494 팩스 (02) 335-5496
홈페이지 www.jisungsa.co.kr 이메일 jisungsa@hanmail.net

ISBN 978-89-7889-465-4 (03470)

잘못된 책은 바꾸어드립니다. 책값은 뒤표지에 있습니다.

늦깎이
까치 부부와의
만남

글과 사진 오영조

지성사

_ 감사의 글

2013년부터 판교환경생태학습원 탐조 동아리 '새바라기'에서 활동하며 새와 친구가 되어 지금까지 많은 새들을 만나고 있습니다. 2015년, 국립수목원의 안은주 선생님에게 "새를 좋아하게 되어 앞으로 삶의 동반자가 될 것 같다"고 말하니, 『동고비와 함께한 80일』을 꼭 읽어보라고 권하더군요. 생태를 접한 시간도 짧고 새를 가까이하기 시작한 지 얼마 되지 않은 나는 이 책을 단숨에 읽었습니다. 그 감동으로 동고비의 세계를 여행하게 되었습니다.

까치와의 인연은 호된 신고식을 치르면서 일찌감치 시작되었습니다. 도심에 인공으로 조성된 작은 숲은 산책을 하며 위로받는 나만의 '숨'터입니다. 2013년 5월 어느 날, 그날도 무념무상에 빠져 작은 숲을 거닐고 있는데 갑자기 적막을 깨는 까치 소리에 너무 놀랐습니다. "까치가 오늘은 왜 저렇게 예민할까?"하며 주변을 조심스럽게 둘러보는데, 공원 터줏대감 고양이가 떡하니 나무 아래 앉아 있는 모습이 눈에 들어왔습니다.

까치 두 마리가 필사적으로 울어대도 고양이는 시끄럽다는 표정만 지을 뿐 꿈쩍도 하지 않습니다. 돌연 까치가 고양이 턱밑까지 다가가 '끄~꺽 끄~꺽' 격렬하게 소리 지르자 그제야 귀찮다는 표정으로 슬금슬금 자리를 뜹니다.

마음을 가라앉히고 다시 숲길을 산책하는데 또다시 까치의 절규에 가까운 소리가 들려옵니다. 짜증이 나려는 순간, 나는 온몸에 소름 돋는 광경을 목격했습니다.

까치 새끼들이 둥지를 떠나는 날이었습니다. 새끼 한 마리가 둥지를 떠나 첫 비행을 하다가 나뭇가지에 내려앉지 못하고 나무줄기 중턱에 간신히 매달려 파닥거리고 있었습니다. 이제야 까치들이 고양이를 끝까지 따라오면서 격렬하게 경계하는 이유를 알았습니다.

더 이상 까치의 신경을 건드리지 않으려고 서둘러 빠져나와 숲에서 완전히 벗어났는데도 계속 따라오며 사납게 깍깍거립니다. '너의 얼굴을 기억하니 다시는 내 눈에 띄지 말라'는 엄중한 경고처럼 귀에 꽂히며 소름이 돋았습니다.

TV 다큐멘터리에서나 볼 수 있었던 장면을 바로 눈앞에서 보고 나니 가슴이 뭉클하고 뜨거웠습니다. 그 이후로 내가 모르는 또 다른 생명들의 한살이에 관심을 기울이게 되었고, 새끼들을 키우는 뭇 생명들의 예민함이 봄이 되면 가슴 저미게 전해져 옵니다.

까치와의 인연 이후로 새를 보러 다닐 때나 여행할 때 새의 생태를 자세히 보는 습관이 생겼으며, 주변의 새들을 집중 관찰하고, 특히 까치의 생태는 흥미롭게 관찰하고 기록했습니다. 그 관찰 습관은 잠자는 감성을 깨웠고, 마침내 책으로 엮어내는 기쁨을 누리게 되었습니다.

까치 둥지 내부의 모습을 그림으로 자세히 묘사해준 조성아 선생님, 귀찮을 정도로 물어봐도 다 받아주고 조언해준 안은주 선생님, 글을 무사히 써 내려갈 수 있게 조언과 격려를 해주신 김성호 작가님께 감사의 마음을 전합니다. 기계치인 나의 서투름을 군소리하지 않고 묵묵히 받아주고 해결해준 남편과 사회생활을 시작한 아들과 며느리, 딸에게도 고마움을 전합니다. 그리고 내가 틈틈이 관찰을 할 수 있게 배려해준 짝꿍 최은주 선생님, 판교환경생태학습원 사진을 제공해준 원장님과 동료들에게 감사드립니다.

책이 세상에 빛을 볼 수 있게 애써주신 지성사 가족들에게 진심을 담아 감사 인사드립니다.

오 영 조

'까치' 하면 두 가지가 떠오릅니다. 하나는 "까치까치 설날은 어저께고요~ 우리우리 설날은 오늘이래요~" 하는 동요입니다. 또 하나는 "까치가 우는 것을 보니 손님이 오시려나 보구나" 하셨던 외할머니 말씀입니다.

초가집 시절이었습니다. 집 주변에서 가장 높은 미루나무 꼭대기를 차지했던 것은 까치였습니다. 가장 멀리 볼 수 있는 친구였지요. 게다가 자기 영역을 지키려는 마음이 강한 친구입니다. 누가 집으로 오는지를 가장 먼저 보게 됩니다. 까치에게는 낯선 이가 자기 영역을 침범하는 것과 다르지 않습니다. 까치가 경계의 소리를 내고, 곧이어 외할머니 말씀대로 손님이 옵니다. 어릴 때는 그런 설명을 해주는 분이 없어 무척 신기하기만 했습니다.

소중한 것은 늘 가까이 있는데 잘 보이지 않습니다. 보이더라도 그 소중함을 느끼지 못할 때가 많습니다. 새도 그렇습니다. 누구나 까치는 압니다. 하지만 생김새와 까치 하면 떠오르는 두 가지 이야기 말고 더 말할 것이 있을까요? 이제라도 이야기할 것이 많아져서 다행이고 기쁩니다. 까치가 둥지를 짓고, 알을 낳아 품고, 어린 새를 키워 독립시키기까지의 일정, 곧 까치의 번식 생태를 밝혀낸 것은 아무도 가지 않는 길을 꿋꿋이 걸으신 오영조 선생님의 애씀 덕분입니다.

새의 번식 일정에 동행하는 것은 부모 새 각각의 역할을 밝히는 과정이기도 합니다. 그러니 부모 새의 암수를 구별하는 것이 출발입니다. 외형만으로도 쉽게 가릴 수 있는 종이 있습니다. 하지만 그렇지 않은 종도 많으며, 까치가 그렇습니다. 저자는 포기하지 않고 관찰한 끝에 두 개체 사이에 작은 차이가 있음을 알아차립니다. 암컷의 마음을 사로잡기 위해 먹이를 선물로 전하는 수컷의 구애 행동과 짝짓기 때의 위치를 살펴 결국 암수를 구별하고, 이를 바탕으로 까치의 번식 생태를 기록하기 시작합니다. 정확히는 하루 종일 둥지 나무하나만 바라보는 삶, 그 일정을 세 달 남짓 반복하는 삶, 결국 길고도 먼 고행의 길로 들어섭니다.

이 책의 주인공은 까치입니다. 까치의 움직임만 관찰하기에도 몸이 하나인 것이 아쉬웠을 것입니다. 그러나 까치 또한 홀로 살 수 없는 것이 세상입니다. 까치에게도 이웃이 있고 이웃과의 관계 속에서 더불어 살아갑니다. 저자의 다정한 눈길은 까치에 머물지 않고 이웃의 생명에게도 온전히 가 닿으며 이 책이 완성됩니다.

저자는 자연의 모습을 닮아 겸손한 분입니다. 그 오랜 시간 다른 모든 것을 포기하며 까치가 둥지 튼 나무를 지켰음에도 과학적 사실은 전문가의 몫으로 남긴다고 하셨습니다. 까치에 대해서라면 이제 최고의 전문가는 오영조 선생님입니다. 저자만큼 까치에 다가선 사람이, 눈높이를 맞춘 사람이, 오래도록 기다린 사람이, 사랑한 사람이 없기 때문입니다.

'다가섬'이라는 낱말을 좋아합니다. '기다림'이라는 낱말도 똑같이 좋아합니다. 다가섬은 그 깊이만큼, 기다림은 그 길이만큼 아름답습니다.『늦깎이 까치 부부와의 만남』은 까치에 깊이 다가서서 오래도록 기다리며 저들 삶의 속살까지 오롯이 지켜본 향기로운 사람의 이야기입니다. 그 간절하고 감동적인 세계로 여러분을 초대합니다.

『동고비와 함께한 80일』,『까막딱따구리 숲』저자
김 성 호

드디어 『늦깎이 까치 부부와의 만남』이 세상에 나왔다. 판교환경생태학습원 옥상 정원 남단 난간에 카메라를 삼각대에 올려놓고 메타세쿼이아 가지에 걸쳐 있는 까치집을 탐색하는 오영조 선생의 모습을 봐왔던 나로서는 당사자만큼은 아닐지라도 마음이 제법 설레는 일이 아닐 수 없다. 탐조할 때의 그녀가 풍기는 분위기는 진지함 ─ 그녀의 삶 전체가 진지함으로 똘똘 뭉쳐 있다 ─ 을 넘어서는 듯하다. 차라리 종교의식에서나 볼 수 있는 경건함이라는 표현이 더 어울릴지 모른다. 따라서 가볍게 느껴질 수 있는 이 기록의 배후에는 삶의 진지함과 영혼의 경건함이 녹아들어 있다.

이른 새벽부터 시작된 114일의 끈질긴 대장정은 그런 순수한 열정과 경건한 마음이 있어서 가능했을 터이다. 몇 년 전 하남까지 원정하여 이뤄낸 꾀꼬리 탐조 기록이 많은 사람들에게 큰 울림을 주기도 했고, 아직 공개되지 않았지만 참새 아파트의 기록도 기대를 모으고 있는 터라 이번 작품에 대한 궁금증이 적지 않았다. 파일을 열자마자 단숨에 끝까지 읽어냈다. 까치의 마음까지 읽어내는 섬세함, 엄마 까치와 아빠 까치의 작은 움직임의 차이를 놓치지 않는 치밀함, 까치의 일반적 특성에 '늦깎이' 까치의 생태를 비교하는 꼼꼼함에 혀를 내두르지 않을 수 없다.

무엇보다 환경교육을 하는 기관인 판교환경생태학습원장으로서 본다면 자연에 대한 작가의 감성과 태도가 두드러지게 돋보인다. 까치의 집이 '스카이 캐슬'로 보이거나, 집짓기가 늦어져 마음이 바쁜 까치에게 '늦깎이'로 이름 짓기, 아빠 까치의 조기 교육이나 엄마 까치의 조바심 공감하기, 거기에 까치의 사랑 노래를 달달하게 맛보는 그녀의 감성에서 인간과 까치 사이에 어떠한 거리도 느낄 수 없다. 그래서 그녀의 글에는 이성적 글쓰기 논리의 강박감 같은 것을 찾아보기가 어렵다. '자연'스럽다!

'기후 재앙', '기후 비상사태'가 이젠 일상적으로 인식된다. 그래서 이 사태를 나는 '위기 인식의 위기'라고 부른다. 이 위기의 역사적 기원은 갈릴레이에서 베이컨, 뉴턴, 데카르트로 이어지는 근대 과학과 철학에서 비롯된다. 이 흐름의 핵심은 인간이 자연을 지배해야 한다는 것이라 할 수 있다. 이에 따라 자연을 대상화하고, 무한정 개발하고, 지속가능하지 않은 파괴를 성찰 없이 자행하게 되었다. 자연과의 소통을 신화, 망상으로 몰아붙이고 '인간을 이런 불합리한 불안과 공포로부터 해방시키는 것이 계몽주의의 목표라고 선언했다. 이 흐름이 현재의 부와 편리를 가져온 것이 사실이지만, 지금의 재앙을 가져온 것 또한 사실이다.

환경교육은 자연과 새로운 관계를 만들어 나가는 것을 목표로 한다. 자연을 대상화하여 이용하고 버리는 태도에서 자연과 더불어 사는 자세를 강조한다. 그러기에 자연과의 관계를 회복하여 지속가능한 자연을 우리 후손에 전해주기 위한 삶의 방식을 지향한다.

이 점에서 『늦깎이 까치 부부와의 만남』은 분명한 메시지를 전하고 있다. 이 책에서 작가와 까치는 하나의 공동체로 엮여 있다. 따라서 이 글은 환경교육의 핵심을 꿰뚫는 환경교육 교과서라고 할 수 있다. 오영조 선생의 노력과 수고에 찬사와 박수를 보낸다.

판교환경생태학습원장

하 동 근

차례

어느 날,

까치가 눈에 들어오다

미선나무 꽃이 흐드러지게 핀 3월의 어느 날, 미세먼지 자욱한 봄날의 하늘이 파랗게 열리던 날이었다. 나는 물끄러미 하늘을 바라보다가 문득 까치가 눈에 들어왔다. 몇 년이나 까치를 보아왔지만 이렇게 뇌리에 박히듯 까치를 본 것은 처음이었다. 까치 두 마리가 나뭇가지를 물고 부산히 움직이는 모습에 마음이 두근거렸다. 순간 나는 무릎을 '탁' 쳤다.

'아! 드디어 올해는 까치가 둥지 지붕을 이는 장면을 볼 수 있겠구나!'

몇 년 동안 까치 둥지를 올려다보며 '스카이 캐슬'이라는 별칭까지 붙이면서 그 과정을 보고 싶은 마음이 간절했는데, 이번에는 기필코 보고야 말겠다는 의지를 불태웠다.

"나뭇가지로 멋진 지붕을 이어서 우주선 모양의 둥지를 만드는 까치야, 도와주렴."

🔍 3월 중순, 큰기러기 작은 무리가 도심을 지나 고향으로 가는 길이다.

흥분된 목소리로 혼잣말을 하며 하늘을 올려다보았다. 오랜만에 열린 도심의 파란 하늘을 가로지르며 고향으로 가는 큰기러기의 작은 무리가 '끼~럭 끼~럭' 하며 나를 응원해준다.

해마다 3월이면 작은 무리로 도심의 하늘을 가로지르는 큰기러기는 낯설지만 친숙하며, 가을을 기다리게 하는 새다.

"까치야, 너희도 마음이 아주 급하겠구나."

위로의 말을 건네며 내일이 궁금해지기 시작했다.

다음 날, 그다음 날도 까치는 여전히 나뭇가지를 물고 나르며 혼신의 힘을 다하는 모습이었다. 이웃의 다른 까치보다 둥지 트는 시기가 많이 늦었지만 부지런히 움직이는 까치에게 마음을 빼앗기지 않을 수 없었다. 그 모습에 반한 나는 까치에게 나의 시간을 온전히 내주기로 다짐하며, 그저 까치의 행동 하나하나를 오래도록 지켜보기로 굳게 마음먹었다. 이

✎ 관찰하면서 알게 된 암컷(왼쪽)과 수컷(오른쪽)

렇게 가만히 그리고 몰래 숨죽여 까치의 속내를 들여다보는 행복한 관찰 여행이 시작되었다.

　그러나 까치 관찰 여행이 시작되자 예상하지 못한 어려운 일들이 밀려 오기 시작했다. 잠을 설쳐가면서 동이 트기 전에 일어나 무거운 카메라 를 어깨에 메고 어깨 통증을 참아가며 허겁지겁 대문을 나서야 했다. 카 메라 배터리 충전, 저장 공간 관리, 기록한 영상 정리, 담아간 기록 살펴 보기 등 새를 좋아하는 아마추어가 감당하기에는 모두 짐이 되어 내 어 깨를 짓눌렀다. 직장인으로 3개월 넘게 관찰자로 살아가려면 감내해야 할 일이 너무 많았다. 나에게 주어진 여유 시간을 분 단위로 쪼개 가면서 모두 쏟아 부었다.

　이러한 문제는 나의 인내심으로 충분히 버텨낼 수 있었다. 내가 마주한 가장 큰 문제는 외형상으로 까치의 암컷과 수컷 구별이 어렵다는 점이었다. 분명히 두 마리 까치가 외형상으로 차이점이 있으리라는 확신으로 관찰을 시작했지만 쉽지 않았다. 이런저런 다양한 경우 수에 빗대어 여러 각도로 비교하며 관찰을 하다가 드디어 확실한 구별 점을 찾아냈다. 다만, 내가 찾은 구별 점은 모든 까치의 특징이 아닌, 현재 관찰하는 두 까치만의 특징이다.

두 까치의 꼬리 모양이 달랐다! 한 마리는 가운데 꽁지깃이 길게 뻗어 있고, 다른 한 마리는 양쪽 꽁지깃의 길이가 같아 가운데가 오목하게 들어간 것처럼 보였다. 정리하자면 한 마리는 '볼록' 모양, 다른 한 마리는 '오목' 모양이었다. '볼록 까치'와 '오목 까치'로 이름을 붙여 관찰해 오다 4월 2일 오후 2시 10분쯤 볼록 까치가 오목 까치에게 먹이를 먹이며 사랑하는 장면을 보게 되었다. 볼록 까치가 수컷이고, 오목 까치가 암컷으로 밝혀지는 위대한 날이었다.

나는 그 순간 온몸에 전율이 일었다. 기쁨의 소리를 안으로 삭이면서 두 손을 꼭 쥐고 발을 동동 구르며 감격의 순간을 맞이했다. 이때부터 제대로 관찰하기 시작했고, 우리가 잘 몰랐던 까치의 육아 장면을 기록하게 되었다.

이 책은 까치들을 관찰하면서 느낀 감정을 그때그때 글로 표현한 나의 관찰 기록이며, 까치 개체마다 차이가 있음을 미리 밝히며, 과학적 근거는 전문가의 몫으로 남기기로 한다.

관찰 장소에
대하여

대부분 판교환경생태학습원 옥상에서 공원을 바라보면서, 그리고 까치 영역인 공원을 다니면서 까치를 관찰했다. 판교환경생태학습원은 운중천과 금토천의 합류 지점인 화랑공원 북쪽 끝에 있고, 화랑공원은 판교테크노밸리 안에 있다.

아침저녁으로 출퇴근하는 사람들이 공원을 가로질러 판교역까지 바쁜 걸음을 옮기고, 점심시간에는 주변 직장인들이 근처 카페에서 음료를 사 들고 산책하며 여유로운 시간을 보내는 곳이다. 주말이면 가족 나들이의 으뜸 장소이기도 하다. 사계절 내내 새들이 즐겨 찾는 곳이며, 새들의 조잘거리는 소리에 공원에는 생동감이 한껏 넘친다.

공원은 모든 사람을 다 품어 몸살을 앓아도 넉넉히 받아준다. 공원 관

🔖 봄, 작은 숲에서 바라본 판교환경생태학습원

리자가 공원도 쉼이 필요하다고 판단하면 그때부터 '~하지 마세요'라는 현수막이 곳곳에 펼쳐지고 작은 숲은 휴식에 들어간다. 공원에는 늘 사람들로 붐비지만, 기후 변화로 발생하는 현상들이 그 많은 사람들의 발길을 막아서기도 한다. 그래도 작은 호수와 숲은 변함없이 그 자리에서 계절을 맞이한다.

공원에는 까치 둥지가 많지만 호수 주변으로는 네 구역으로 나뉘어 까치가 둥지를 틀고 번식한다. 판교환경생태학습원을 기준으로 앞(2구역),

🔎 서로 이웃한 까치 영역(사진 제공: 판교환경생태학습원)

서쪽 옆(1구역), 작은 숲(3구역), 공원 8호 다리 부근 소나무(4구역)에 까치
들이 둥지를 틀었다. 학습원 앞(2구역) 늦깎이 까치 부부는 가장 늦게 번
식을 시작했고, 나머지 세 둥지는 비슷한 시기에 일찌감치 번식했다. 좁
은 공간에 옹기종기 모여 살아 번식기인 봄에는 늘 까치들의 소리로 조용
할 때가 없다. 2구역에 까치가 둥지를 지으려고 날아든 것은 처음이다.

옥상 정원은 새들에게 최고의 먹거리 장터다. 씨앗 선생님의 열정이 스
며 있는 유기농 텃밭과, 열매가 달리는 나무들이 있어 늘 새들이 모여든

다. 그렇게 되기까지 오랜 시간과 노력이 필요했다. 이렇게 해서 사계절 내내 온갖 새들이 날아든다.

이 옥상 정원은 까치 영역이 나뉘어 있다. 옥상 정원 구조물을 사이에 두고 서쪽으로 3분의 1은 이웃집 영역(1구역), 나머지 3분의 2는 늦깎이 까치 부부의 영역(2구역)이다. 까치들은 구조물의 경계선을 매우 중요하게 생각한다는 것을 알았다.

학습원 주변으로 까치가 모여들기 시작한 지는 3년 정도밖에 되지 않는다. 지금도 상황이 좋은 것은 아니지만 서로 영역을 최소화하면서 까치들은 최선의 선택으로 보금자리를 만들어 영역을 지키고 있다.

공원의 잔디도 영역이 바뀌는 초유의 사태가 벌어졌다. 관찰 당시에는 없었으나 이후에 정자가 들어서자 아랫집 소나무(4구역)에 둥지를 튼 까치 부부가 정자를 기준으로 영역을 넓혔다. 이 때문에 아랫집과의 경계선에서 영역 다툼이 자주 벌어져 한동안 시끄러웠다.

도심에 꾸민 인공 공원이지만 세월이 흐르니 많은 시민들이 찾는 명품 장소가 되었다. 일 년 내내 즐거운 시간을 보내는 아이들의 웃음소리가 울려 퍼지고, 온갖 새들이 둥지를 틀고 알을 낳아 새끼를 기른다. 알락할미새, 쇠딱따구리, 방울새, 박새, 딱새, 쇠박새, 참새, 직박구리, 꾀꼬리, 오목눈이, 붉은머리오목눈이, 멧비둘기 그리고 까치가 그 주인공들이다.

공원을 이용하는 그 많은 사람 가운데 그 속살을 잘 아는 나는 얼마나 행복한가! 그리고 새끼를 키워내는 모습을 관찰할 수 있음이 얼마나 고마운 일인가! 게다가 뭇사람은 우리 주변에 이런 새들이 살아가고 있다는 것 자체도 모른다.

관찰자인 나는 무심한 사람들 덕분에 이웃한 새들이 주변을 떠나지 않고 살아갈 수 있는 것에 안도감을 느낀다. 모순적인 내 마음에 그만 피식 웃음이 나온다.

그 많은 사람들 가운데 지나친 관심을 보이는 내가 새들에게는 두려운 존재일 것이다. 그래서 나는 늘 조심스럽게 자세를 낮추어 느리게, 조용하게, 숨어서 그리고 멀리서 새들을 관찰한다. 새들의 어미임을 새들에게 알릴 방법이 없으니 그저 이심전심 통하기를 바라는 마음 간절할 뿐이다.

드론으로 촬영한 화랑공원과 옥상 정원(사진 제공: 판교환경생태학습원)

이런 어미의 마음이 통했으리라 착각하고 가까이 다가가면 까치가 '까각까각' 하며 사납게 울어댄다. 바로 어리석은 짓임을 알게 된다. 어리석음을 깨닫는 순간, 마음을 불안하게 하는 긴급 사이렌 소리가 한참 울리며 지나간다. 판교소방서가 근처에 있어 자주 듣는 사이렌 소리다. 보통 때는 무신경하게 흘려듣지만, 오늘은 까치에게 놀란 마음이 진정되기 전이라 그 소리가 유난히 신경 쓰인다. 사이렌 소리는 나의 구역에서 한참을 벗어났는데도 여운이 남아 귓전에 맴돈다.

시끄러운 도심에서 새들과 함께 혼자만의 작은 행복을 마음껏 누려보자!

튼튼한 기초 공사는
수컷이 앞장서서

🐦 관찰 1~4일

아직 만물은 싹 틔울 물밑작업으로 잠잠하다. 하지만 정원 한 귀퉁이에 때 이르게 미선나무 꽃이 흐드러지게 피었다. 칙칙하기만 한 정원에 눈을 뿌려 놓은 듯 하얀 꽃이 만발하여 계절을 착각하게 한다. 날씨가 쌀쌀한 이른 봄에 저렇게 꽃을 피워 누구를 부르려는 걸까? 쓸데없는 걱정을 하는데 이름을 알 수 없는 곤충이 꽃향기에 취해 이리저리 날아다닌다. 은은한 꽃향기에 나의 마음도 어지러이 날아다닌다.

화랑호수에는 3월 초부터 논병아리 울음소리가 옥상 정원에까지 들려온다. 해마다 가을 문턱에 찾아와 호수가 얼면 사라지다가 봄이 되면 다시 찾아온다. 보통 2~3마리가 찾아와 한 달 가까이 '삐르릉~ 삐르릉~'

🦆 쇠오리 한 쌍은 깃털 다듬느라 바쁘고, 논병아리는 노래 부르느라 바쁘다.

하며 짝을 찾는 노래를 부르다가 소리도 없이 사라진다.

3월에는 오리들도 고향으로 돌아가는 길에 호수에 내려앉아 1주일 넘게 머물다 간다. 큰기러기들은 이곳 하늘을 가로질러 날아가지만, 다른 철새는 호수나 금토천, 운중천에 내려앉아 잠시 쉬다가 기력을 보충한 뒤 날아간다.

며칠 전부터 까치 한 쌍이 메타세쿼이아 주변을 날아다니다가 옥상 난간에 앉는 모습이 자주 보인다. 그러더니 마음에 드는 곳을 찾았는지 둥

✎ 포동포동한 쇠오리 수컷. 고향까지 잘 갈 것 같다.

지 지을 터를 잡는다. 터를 잡다가 말지, 끝까지 둥지를 완성할지 무척 궁금하다. 지난해 이맘때도 옆 소나무에 둥지를 짓다가 포기했기 때문이다. 지금은 주변 영역에 있는 까치들 대부분이 둥지를 완성하고 산란을 준비하며 여유로운 시간을 보내고 있는 시기다.

기초 공사의 시작을 알리며 까치 한 쌍이 나뭇가지를 물어다 놓기 시작한 곳은 메타세쿼이아 높이의 8분의 6 지점이다. 줄기에서 갈라진 굵은 가지들이 어긋나게 뻗어 있는 곳이다. 그곳에 까치 두 마리가 나뭇가지들을 물어 나르고 있다.

줄기와 가지들 사이의 연결 부분이 어긋나고 높낮이도 맞지 않으니 물어다 놓으면 아래로 떨어지고, 또 떨어지기를 수차례 반복한다. 어떤 때는 나뭇가지 하나를 물고 와 작업하다가 나뭇가지가 세 개 넘게 아래로 떨어지기도 한다. 기초 공사는 그야말로 인내의 끝판이라는 생각이 든다.

나뭇가지가 균형을 잃어 떨어지려 하면 재빨리 발로 밟은 뒤 부리로 물어 한쪽 가지 끝을 다른 가지들 사이에 끼우는 작업을 끊임없이 한다.

그런 과정에서 재미있는 장면을 볼 수 있다. 둥지의 밑동을 탄탄하게 하는 기초 공사는 수컷이 주도적으로 작업한다. 쉼 없이 부리로 물어온 나뭇가지를 콕콕 다듬는 등 수컷의 수고로움이 훨씬 더 크다. 암컷이 나뭇가지를 물고 오면 수컷의 반응이 사랑스러운 것도 재미있다. 암컷에게 나뭇가지를 받으면서 '쯔르르릉~' 하며 묘한 소리를 낸다. 거칠게 깍깍거리는 보통의 까치 소리가 아니다.

나뭇가지로 기초 공사하는 작업을 암컷이 아예 하지 않는 것은 아니다. 수컷보다는 확실히 작업 참여도가 낮다. 주로 나뭇가지를 수컷에게 물어다줄 뿐이다.

다음 날도 쉬지 않고 열심히 작업하는데, 하늘이 온통 희뿌옇게 닫힌 듯하더니 갑자기 눈이 내린다. 늦깎이 까치 부부는 춘분에 찾아온 궂은 봄날에 마음이 얼마나 급해질까? 갑작스러운 추위에 까치 부부 걱정이 크다.

궂은 날씨에도 아랑곳하지 않고 까치 부부가 지칠 줄 모르고 작업을

한 덕분에 나뭇가지들이 서로 얽히고 엮여 단단한 둥지 터가 잡혔다. 기초 공사를 하는 동안 떨어뜨린 가지가 얼마나 많은지, 나무 아래에 나뭇가지가 수북하다. 대충 세어 보아도 100여 개다.

그다음 공사가 흥미롭다. 둥지 밑면을 넓혀 둥지 안에 육아방 만들 자리를 확보해야 하는 작업이다. 궁금하여 묵은 까치 둥지들을 점검해보니, 나뭇가지 모양새가 '손 높이 들고 벌을 서다가 한쪽 팔이 스르르 내려오다가 만' 것이 많았다. 까치의 섬세함에 놀라지 않을 수 없다.

늦깎이 까치 부부가 선택한 모양새도 마찬가지다. 그 지점에 나뭇가지

🪶 나뭇가지를 연결해 가는 다양한 방법

들을 평평하게 펼치듯이 포개 쌓아 놓고 가지들을 서로 얽히게 끼워 바닥을 넓힌다. 마음이 급한 늦깎이 까치 부부는 쉬지 않고 나뭇가지를 물어 나른다. 그 힘든 작업이 진행될수록 나무줄기가 기둥이 되고, 약간 누운 가지들 위에 넓고 둥근 형태로 바닥 모양이 갖추어져 간다.

둥지 틀 나무의 모양새가 마땅치 않으면 마치 나무줄기를 쭉 타고 올라가면서 세우듯 둥지를 지으면 위로 기다란 타원형의 모양새가 된다. 나무가 제대로 자라지 못한 곳에 지은 둥지 형태는 위로 기다란 타원형이 많다.

사나흘에 걸쳐 아주 힘든 기초 공사를 하는 동안, 날씨까지 궂어 걱정이 많았지만 다행히 늦깎이 까치 부부는 다음 날도, 그다음 날도 한눈팔지 않고 열심히 둥지를 짓는다. 특히 수컷의 노력이 대단해 보인다. 그 결과 둥지 작업을 시작한 지 나흘 만에 둥지 모양새가 넓적한 사발 모양을 갖추는 단계로 접어들었다. 올해는 포기하지 않고 끝까지 완성하여 가족을 거느린 까치 부부의 모습을 꼭 보고 싶다는 나의 간절한 바람을 알았나 보다.

까치들의 공동 구역,
만남의 장소

늦깎이 까치 부부는 둥지 짓느라 정신이 없는데 일찌감치 터를 잡은 주변 영역의 까치들은 여유롭다. 이곳 넓은 잔디밭은 사람의 발길이 닿지 않을 뿐 아니라 어느 까치의 영역도 아닌 것 같다. 시시때때로 까치들이 모여들어 다양한 행동들을 한다. 마치 까치들의 공동 구역이라고나 할까?

이 주변의 까치들은 1월부터 둥지를 짓기 시작해 일찌감치 끝내고 대부분 3월 초순부터 여유로운 시간을 보낸다. 여기에 모여드는 까치들은 나름의 규칙이 있는지 서로의 영역은 침범하지 않고 이곳을 만남의 장소로 이용한다. 요즘 아이들의 '핫 플레이스(hot place)' 같은 곳이다.

보통 일곱 쌍의 열네 마리 정도가 늘 모이며, 늦깎이 까치 부부도 가끔 이곳을 방문한다. 간혹 아직 짝을 만나지 못한 까치도 보이는 듯하다. 이곳으로 모여드는 까치들은 뽐내듯이 멋지게 날아 내려앉는다. 짧은 날개를 오므렸다 폈다 하며 반 바퀴 돌아 하강하듯 긴 꽁지깃을 쫙 펴고 멋지게 내려앉고는 꽁지를 위로 치켜세워 한두 번 깍깍하며 왔다는 의사 표현을 한다. 그 모습을 바라보면 근심 걱정 없는 사람을 보는 것 같아 행복한 기분이 든다. 한두 마리가 날아들기 시작하면 금방 십여 마리가 넘게 모여든다.

모여서 무슨 이야기들을 할까?

"태풍 같은 이상기후가 나타날 때를 대비해 둥지를 견고하게 만들며, 불행한 일이 일어나지 않도록 건강관리 잘해서 새끼들을 잘 키우고, 육아로 힘든 시기에 서로의 영역을 잘 지켜 신경이 곤두서는 일이 없도록 하며, 고양이 같은 천적이 나타나면 즉각 모여 대처하는 데 힘을 보태자", 뭐 대충 이런 이야기들이 오가는 것은 아닐지 상상의 나래를 편다.

늦깎이 까치 부부는 이 동네에 처음으로 둥지를 트는 새내기들이니 선배들의 조언은 앞으로 육아에 큰 도움이 될 것이다.

늘 평화로운데 중간에 꼭 한 번씩 다툼이 일어난다. 긴 시간 관찰한 결과, 어느 영역인지는 모르겠으나 그 까치가 나타나면 공격하는 까치가 있다. 그 이웃 까치가 마음에 들지 않는지 아니면 까치들 사이의 규칙을 어겼는지 평화롭게 지내다가 순식간에 아수라장이 된다. 비록 그 시간은

길지 않지만 신경전은 여전하다. 그런 와중에 까마귀가 내려앉으면 우르르 몰려가 쫓아버리고 다시 모여든다. 어느덧 신경전은 사라지고 평화롭게 먹이 활동을 하며 보낸다. 그렇게 시간을 보낸 뒤 까치들은 짝을 지어 자신들의 영역을 향해 사방으로 날아간다.

이곳에 모이는 까치들은 산란을 위한 만반의 준비가 된 상태이며 때를 기다린다. 그러나 늦깎이 까치 부부는 잠시도 쉬지 않고 나뭇가지를 물어 나르느라 바쁘다. 그 와중에 늦깎이네 수컷은 이곳에서 종종 시간을 보내기도 하여 암컷 혼자 열심히 둥지 작업을 하기도 한다.

때가 되어 까치들이 산란에 들어가기 시작하면 이 공동 구역은 조용해지기 시작한다. 본격적인 알품기(포란)가 시작되면 이곳에 까치들이 거의 모여들지 않는다. 가끔 수컷 몇 마리가 삼삼오오 모여들지만 짧은 시간 머물다가 날아간다.

새끼들이 자라 독립 시기가 되면 다시 한번 이곳은 인기 명소가 된다. 마치 까치 유치원이 세워진 느낌이다. 이곳을 자주 들락거리며 친구를 사귀고, 부모로부터 멀리 떠날 준비를 하면서 사회성도 배우고 익히는 장소가 되는 것 같다.

부모 까치들은 뜻밖의 변고를 겪지 않는 한, 각 영역의 주인이 바뀌는 일이 없으니 오래도록 서로 친한 이웃으로 살아갈 것이다. 새끼를 키울 때는 치열하지만 새끼들이 독립하고 나면 다시 부모 까치들은 삼삼오오 모여 집단생활을 할 것이다.

까치도
사랑 노래는
달달하다

늦깎이 까치 부부를 만나기 전 1월의 어느 날, 산책길에 '즈르르루룽
~ 쯔르르루우링~' 예쁘고 귀여운 낯선 울음소리가 귓가에 맴돌 듯 들
려왔다. '이 시기에 왜 울새 소리가 날까?' 갸우뚱거리며 그냥 흘려들었
다. 그러고도 간격을 두고 몇 번이나 들려왔다.

영하의 날씨가 물러가고 봄이 오는 듯 영상의 기온으로 포근한 어느
날, 나무 아래에서 한가로이 참새의 행동을 보고 있는데 갑자기 나뭇가
지 하나가 툭 내 머리를 치고 땅으로 떨어졌다. 때마침 나무 아래에 흩어
진 메타세쿼이아 씨앗을 먹던 참새들이 놀라 우르르 나뭇가지로 올라앉
았다.

올려다보니 까치가 둥지를 짓고 있는 모습이 눈에 들어왔다. "일찍도

둥지를 짓는구나" 하며 혼잣말로 중얼거렸다. 그때 갑자기 내 귀를 의심하는 듯한 소리가 바로 머리 위에서 들려왔다. '까각각각, 꺼거거거거' 하는 부드러운 소리가 들린 뒤 '휘르르르르릉~ 쯔르르르르릉~' 하는 소리가 서너 번 연달아 들려왔다.

그러고는 나뭇가지를 콕콕 박는 소리가 들려오고 짝꿍 까치가 날아가니 다시 까치 본연의 소리를 내었다. 표현이 좀 과장되었지만, 아름다운 까치 소리가 마치 요들송 같았다. 까치가 그런 소리를 내는 것이 너무 놀랍고 의아해서 계속 관찰을 했다.

그날 이후로 공원을 거닐며 다른 까치 부부들이 있는 곳에서도 귀를 쫑긋 세우고 소리에 집중했다. 순간 까치 한 마리가 '까각' 하더니 갑자기 '끄르르' 소리를 낸 뒤에 요들송 같은 소리를 짧게 냈다.

'어? 혼자서도 이런 소리를?'

의아한 생각에 주변을 살펴보니 옆 나무에 짝꿍 까치 한 마리가 조용하게 앉아 있었다. 잠시 후 소리를 낸 까치가 조심스럽게 짝꿍 곁으로 다가갔다. 그러나 짝꿍 까치는 별다른 반응을 보이지 않고 가만히 앉아 있었다.

혹시나 짝짓는 장면을 볼 수 있지 않을까, 부푼 기대를 안고 기다렸다. 몇 번 짧은 요들송을 부르면서 가까이 다가가다 말고 별안간 '까까까' 소리를 내며 날아갔다. 가만히 앉아 있던 짝꿍 까치도 따라 날아갔다.

오랜 시간 관찰한 바에 따르면, 주로 까치 쌍 가운데 한 마리만이 예쁜 소리를 내는데 수컷이 내는 소리인지, 암컷이 내는 소리인지 단정 짓기가 조심스럽다. 하지만 느낌은 수컷이 내는 소리에 마음이 더 쏠린다. 그래서 둥지를 짓고 있는 까치를 집중적으로 관찰했다. 1월부터 둥지를 짓는 까치 부부는 서두름 없이 느긋하다. 오늘도 '휘루루~ 휘루루룽' 하는 소리가 가까이에서 들린다. 까치 부부는 나뭇가지를 물어 나르며 기초 공사 중이다.

까치 부부는 기초 공사를 하면서 사랑스럽고 달달한 소리를 많이 낸다. 나뭇가지를 부리로 콕콕 박으며 작업을 하다가 나지막하고 다정다감한 소리로 '까각각각 까각 까까각' 하며 짝꿍을 부른다. 그러면 저 멀리서 짝꿍 까치가 나뭇가지를 물고 둥지 작업하는 곳으로 날아온다. 둥지 안에서 작업하던 까치가 달달한 소리로 '휘루루~ 휘루루룽' 노래를 부르며 마음에 쏙 드는 둥지 재료를 물어 왔다고 애정 표현을 한다. 참으로 신기한 일이다.

귀를 쫑긋 세우고 카메라의 뷰파인더(viewfinder)에 비친 까치의 행동을 유심히 살펴본다. 짝꿍 까치가 다시 날아가 나뭇가지를 물고 오면, 또다시 약간 저음의 부드러운 소리로 먼저 '까각각가~' 한다. 그런 후 '쯔르릉~' 하는 사랑스러운 소리를 내며 짝꿍이 물고 온 나뭇가지를 받아 작업 중인 가지들 사이에 끼워 넣으면서 부리로 콕콕콕 작업을 한다. 그리고 또다시 '쯔르르르르~ 휘르르르룽~' 하며 아름다운 소리를 길게 낸다.

얼핏 들으면 울새 소리로 부르는 요들송 같다. 들을 때마다 감탄사가 절로 나오는 놀라운 소리다. 사람들이 동네깡패라고 부르는 까치가 이렇듯 상냥한 소리를 내는 그 자체가 경이롭고 흥분이 된다.

이 독특한 소리를 내기 위해 어떤 특별한 행동이나 자세를 취하지는 않는다. 그저 둥지 작업을 하면서 '휘르루루루룽~ 휘르르루우링~' 사랑스럽고 다정한 소리를 한 번씩 내며 그때마다 짝꿍이 가져오는 나뭇가지를 정성스럽게 받아준다. 짝꿍 까치에게 내가 원하는 나뭇가지를 잘 골라 물어다 주는 것에 대한 고마움과 더 열심히 물고 오라는 격려의 노래 같기도 하다.

이 기초 공사에서 한 마리의 까치가 둥지 작업에 더 많이 관여하고 애착을 보이는 반면, 짝꿍 까치는 나뭇가지를 물고 오기는 하지만 그리 열심히 물고 오지는 않는다. 그래도 짝꿍이 나뭇가지를 물고 올 때마다 아름다운 노래로 고마움을 전한다.

짝꿍이 가까이 있을 때 주로 내는 이 아름다운 소리는 끊임없이 상대에게 믿음과 애정을 담아 노래를 선물하는 것 같다. 둥지를 짓고 알을 낳아 품고 새끼를 키워내야 하는 험난한 여정을 함께하며 잘 이겨내자는 서로의 믿음과 사랑의 노래는 둥지를 만들기 전부터 들려오기 시작해 둥지가 외형을 갖추는 시기까지 이어진다. 그러다 짝꿍과 신뢰가 쌓여 유대관계가 돈독해지면 둥지를 완성하는 험난한 일정으로 바쁘게 보낸다. 그와중에 수컷은 간간이 암컷에게 먹이를 선물하고, 암컷은 날개를 쫙 펴고 애교를 부리기도 한다.

들으면 들을수록 내 귀에 캔디 같은 사랑의 노래. 내가 아는 까치에게 이렇듯 달달한 소리가 있다니! 까치가 사랑스러운 노래를 부르는 이 시기가 너무 좋다.

오작교를
건너다

🐦 관찰 5일

미세먼지에 봄이 숨죽이고 있다. 이제는 봄 하면 황사나 미세먼지 주의보가 일상이다. 이맘때 공원에는 사람들의 온기가 더해져 봄의 왈츠가 울려 퍼졌지만, 요즘은 자욱한 대기 사이로 희뿌연 햇살 한 줄기만 간신히 느끼는 안타까운 봄날이다. 봄이 실종되었다는 말이 피부에 와 닿는다. 그래도 새들의 노랫소리가 마음속의 봄을 일깨워준다.

오늘도 메타세쿼이아를 올려다본다. 여전히 까치 부부는 둥지를 만드느라 동분서주하고, 이제 제법 둥지 모양새가 잡혀간다. 아래에서 올려다보는 나에게는 신경도 쓰지 않는다. 나는 고개가 아픈 줄도 모르고 한참을 올려다본다. 무심코 고개를 숙이려는 순간 목에서 깡통 로봇처럼 삐걱거리는 소리가 나고 목이 잘 숙여지지 않아 손으로 목을 부여잡고 겨우 제자리로 돌려놓는다. 눈이 부셔 미간의 주름은 점점 더 깊어져 간다.

오늘은 지인이 방문하여 옥상 정원으로 나들이를 나선다. 옥상 정원의 나무들도 기지개를 켜며 움틀 준비로 물이 차오르기 시작한다. 양지에 있는 흑버들은 어느새 빨간 꽃을 피워 검댕을 벗겨내고, 낙엽 사이를 비집고 나온 제비꽃이 보라색을 뽐내며 꽃밭을 이루고 있다.

천천히 둘러보다가 옥상 난간에 기대어 호수를 바라본다. 공원 전경이 아름답다며 이야기를 나누다가 나의 눈길이 아래로 꽂힌다. 둥지 짓는 까치들의 모습이 바로 내 눈앞에서 펼쳐지고 있다니!

마치 옥상 정원이 오작교 같고, 까치와 깊은 인연이 이어지는 느낌에 표현하기조차 어려운 감정이 일렁인다. 아래에서 고개가 아프도록 올려다 볼 때엔 눈이 부셔서 제대로 관찰하기가 힘들었는데 이렇게 둥지 짓는 모

1 2 3　1 흑버들　2 꽃이 핀 흑버들　3 낙엽 사이를 비집고 피어난 제비꽃

1 나의 관찰 장소　2 카메라를 설치하여 까치의 행동을 담다.　1　2

습을 생생하게 볼 수 있다니, 놀라워 감탄이 절로 나온다. 내려다보는 내가 까치 부부는 반갑지 않은 손님으로 보이는지 나를 바라보며 사납게 울어댄다.

어떻게 관찰을 해야 할까? 온통 까치 생각에 밤새 뒤척인다.

옥상 정원은 사람의 발길이 끊이지 않는 데다가 특히 아이들의 발길이 많이 닿는 곳이라 무척 조심스럽다. 더 큰 문제는 까치를 관찰하려면 난간에 기대어 서서 아래로 내려다보아야만 한다. 한 발짝만 뒤로 물러서도 전혀 보이지 않는다.

영리한 까치의 눈길을 피해 관찰할 묘안이 선뜻 떠오르지 않는다. 고민 끝에 카메라로 까치들의 모습을 동영상에 담으며 나는 귀퉁이에 몸을 숨기고 관찰하기로 한다.

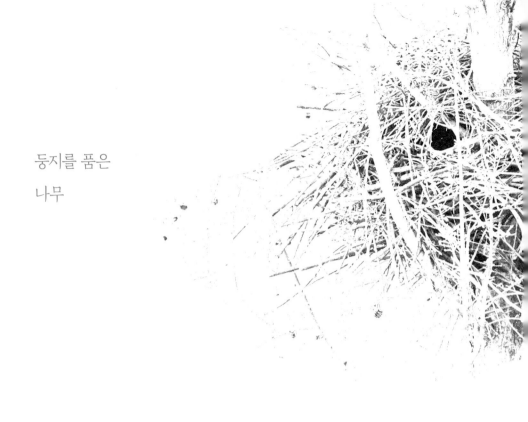

둥지를 품은
나무

지구상에 몇 안 되는 살아 있는 화석 나무의 하나인 메타세쿼이아가 공원 가로수로 자리 잡았다. 아득한 공룡시대부터 살아온 그 고귀한 나무는 중국의 양쯔강(揚子江) 유역에서 발견된 지 불과 70여 년 만에 과학의 기술로 이제는 흔하게 볼 수 있는 이웃 나무가 되었다.

하지만 공원 가로수 메타세쿼이아는 제대로 자라지 못하고 나무마다 죽은 가지가 즐비하다. 공원이 영역인 까치는 둥지 지을 나무를 선택하기가 녹록지 않았을 테고, 현재 있는 나무들 중에 가장 적합하다고 생각한 나무를 골랐으리라.

이 나무는 암수한그루로 수꽃과 암꽃이 시기를 달리해서 핀다. 수꽃은 잎이 나오기 전에 꽃가루를 날려 언제 피는지도 모르게 스러져 간다. 그

암꽃

1 10월의 수꽃 겨울눈   2 이듬해 2월 수꽃 눈과 암꽃
3 열매가 존재감을 드러내고, 잎이 피어나기 시작하는 4월

러다가 문득 열매가 존재감을 드러내면 언제 암꽃이 피어서 꽃가루받이를 했을까 하는 궁금증을 불러일으킨다. 지극한 마음으로 관심 있게 보지 않으면 암꽃, 수꽃을 본다는 것이 쉽지 않다.

2월 중순에 꽃가루를 날려 할 일을 다한 수꽃은 3월 중순 봄바람에 의지해 바닥 여기저기 떨어져 있다. 봄비가 내리면 가지마다 잎눈들이 나오기 시작하고, 단비가 한두 번 더 내리면 나무는 연둣빛으로 물든다.

이 나무의 특징 중 하나는 묵은 열매를 주렁주렁 달고 있다가 이듬해 봄비가 내리면 후두두 땅바닥으로 떨어뜨린다는 것이다. 산책하는 사람들은 열매 모양이 신기하고 독특하여 하나씩 주워 보는 즐거움을 만끽한다. 열매를 자세히 들여다보면 다양한 입술 모양이라 너무나 사랑스럽다.

겨울에는 쇠박새가 공중곡예 하듯 매달려 이 열매의 씨앗을 먹는 장관

1 겨우내 열매를 주렁주렁 달고 있는 메타세쿼이아
2 열매   3 씨앗

을 볼 수 있다. 쇠박새가 매달려 씨앗을 빼먹어도 열매가 떨어지지 않는 것이 참 신기하다. 박새는 쇠박새처럼 곡예 하듯 먹지 못한다.

까치가 둥지를 짓기 전에는 이 나무에 별로 관심이 없었다. 이 나무는 놀이터 가장자리에 심어져 있고, 놀이터 주변에는 사철나무를 심어 경계선을 만들어 놓았다. 사람들의 발길이 잦은 곳이라 눈길이 미처 나무까지 닿지 않았다.

지금은 이 나무에 까치가 찾아들어 둥지 트는 것을 보니 무척 대견하기만 하다. 어느덧 매일 다가가 인사를 나누고 포옹으로 하루를 시작하는 사이가 되었다. 나는 두 팔 벌려 메타세쿼이아를 감싸 안으며 그 오랜 세월, 사람보다 더 오래 살아온 지혜로 까치 부부가 무사히 번식을 마칠 수 있게 해달라며 하루를 연다.

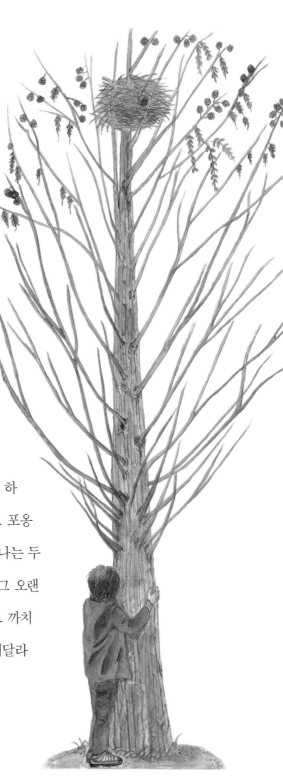

나뭇가지의
달인

🐦 관찰 6~10일

봄바람이 거세다. 어느새 미선나무 꽃이 거의 다 지고, 풀또기가 암술만 쏙쏙 내밀며 가지에 다닥다닥 붙어서 꽃망울을 터뜨리기 시작한다. 그 모습에 지나가는 사람들이 발길을 멈춘다.

병아리꽃나무 아래 떨어진 씨앗들에서 여기저기 새싹이 돋아나고 있다. 싹이 돋아나는 모습이 무거운 껍질 모자를 쓴 아이처럼 귀엽다. 조그마한 물 정원에 떨어져 있던 애기부들에도 수천 개 됨직한 싹이 돋아나고 있다. 놀라운 모습이다. 이렇게 봄은 소리 없이 찾아오고 있다.

거센 바람에 짓고 있는 둥지의 나뭇가지들이 하나둘씩 빠져나와 무너

질 것 같아 마음이 조마조마하다. 그러나 그것은 나의 기우다. 둥지는 나무와 한 몸이 되어 나무가 바람에 흔들리는 대로 함께 흔들릴 뿐이다. 세찬 봄바람에 까치 부부는 몸을 가누기도 힘들 정도다. 그래도 묵묵히 작업 중이다.

나뭇가지를 쌓는 방법도 그냥 되는대로 하는 게 아니다. 둥지 틀이 어느 정도 잡히자 오각형의 벌집 모양 비슷하게 가지를 쌓아간다. 나뭇가지를 둥지 안에 넣은 다음 작업하는 모습에 반하지 않을 수 없다. 단단한 부리로 탄력도 없는 가지를 엮는 기술이 대단하다.

자세히 보니 의외의 방법으로 작업을 한다. 쌓여 있는 나뭇가지를 부리로 살살 흔들면 서로 얽혀 있는 가지들이 자리를 잡아가면서 틈이 벌어진다. 그 틈으로 나뭇가지를 흔들면서 조금씩 집어넣어 끼워 나간다. 굵은 가지로 엮어가다 틈이 벌어지면 그 틈에 맞는 나뭇가지를 끼우는 방식인 셈이다.

나뭇가지 작업을 할 때 부리로 나뭇가지를 살살 흔드는 것이 핵심이다. 또 하나 놀라운 점은 둥지 안쪽에서 작업을 하면 신기하게 가지들 끝부분이 모두 바깥으로 나온다. 둥지 안쪽은 바구니처럼 매끈하게 엮어지고 바깥쪽은 튀어나온 가지들로 거칠게 보인다. 튀어나온 가지들은 까치들이 둥지 위를 다닐 때 디딤돌 역할을 할 것이다. 또한 새끼들이 바깥세상을 탐색할 때 안전하게 다니게 하는 역할도 할 것이다. 이러한 둥지의 섬세함은 관찰자만이 오롯이 느낄 수 있다.

며칠 동안 쉼 없이 열심히 작업한 결과 둥지가 안에서 작업하는 까치

🔨 나뭇가지를 쌓아가는 형태

가 잘 보이지 않을 만큼 쑥 높아졌다. 가끔 물고 온 나뭇가지를 놓고 의견이 맞지 않아 까치 부부가 실랑이를 벌인다.

　수컷이 곁가지가 여러 갈래인 가지를 물고 와 둥지 작업하는 바로 위에 내려앉았더니 이내 낙하하듯이 둥지 둘레로 내려온다. 수컷이 이 가지를 둥지 안쪽으로 넣어주자 안에서 작업하던 암컷이 바깥으로 올려놓는다. 그러자 수컷은 머뭇거리며 다시 그 가지를 둥지 안으로 집어넣고 암컷은 또다시 밀어내기를 몇 차례 한다. 까치 부부 사이에 묘한 실랑이가 벌어진다. 이런 묘한 기싸움이 무척 재미있으면서 놀랍다. 누구의 설계가 맞는지 모르겠지만, 암컷 까치의 뜻에 따라 둥지 가장자리에 놓는 것으로 마무리된다.

나뭇가지를 밀고 당기는 행동은 암수가 둥지 작업할 때 종종 볼 수 있는 장면으로, 그 기싸움의 승자는 늘 암컷이다. 기싸움에서 밀린 수컷은 둥지 바깥에 어설프게 꽂혀 있는 굵은 나뭇가지를 빼내려고 한다. 겨우겨우 빼냈는데 어떻게 처리해야 할지 큰 난관에 부딪혔다.

나는 어떻게 그 나뭇가지를 처리하는지 숨죽이며 지켜본다. 헉! 나뭇가지 쇼가 펼쳐지는 순간이다. 수컷 까치는 빼낸 나뭇가지를 물고 둥지 옆으로 빠져나온다. 그리고 곁가지에 걸리지 않으려는 듯 포물선을 넓게 그리며 바깥쪽으로 힘차게 날아오른다. 그리하여 둥지 위로 사뿐히 내려앉는 데 성공한다. 그 순간 부리로 물고 있던 가지가 다른 곁가지에 걸려 어이없게 둥지 아래로 뚝 떨어지고 만다.

'어이구, 저런!' 지켜보는 내가 안타까워 발을 동동 구른다.

수컷 까치는 어이없다는 듯 꿈쩍도 하지 않고 얼음이 된다. 고개를 쭉 빼고 이리 갸우뚱, 저리 갸우뚱하며 나뭇가지가 떨어진 아래를 내려다본다.

'왜 떨어졌지?' 하는 듯, 속상한 표정을 지으며 어이없어한다. 아쉬운 마음에 의욕적으로 암컷을 도와 열심히 둥지 작업을 하려고 애쓰지만 마음과 달리 제대로 일이 되지 않는 듯 둥지 위를 분주히 다니기만 한다.

암컷은 수컷이 가져온 여러 갈래의 곁가지가 달린 나뭇가지를 어떻게 써야 할지 고민이 깊다. 둥지 둘레에 놓아도 보고, 한쪽으로 밀어도 보고, 그래도 영 못마땅한지 둥지 둘레로 올라가 그 가지를 둥지 안으로 밀어 넣는다. 그러다가 그 가지의 쓰임이 고민되는지 둥지 위 가장자리에

🔨 열심히 작업 중인 까치 부부

올려놓고는 둥지 안에 넣어둔 다른 가지를 작업한다. 그 가지를 밀어 올리면서 둥지 둘레 가지들을 살살 흔들어 그 틈으로 잘 끼우는 작업에 열중하다가 다른 나뭇가지가 떨어지는 줄도 모른다. 연거푸 두 개나 떨어진다. 어떻게 물어 나른 나뭇가지인데, 안타까워 나도 모르게 혀를 찬다.

잠시 진흙을 물고 와 작업을 한 뒤 다시 바깥에 어설프게 꽂혀 있는 가지들이 빠지지 않게 정리한다. 수컷도 암컷처럼 열심히 작업 중이다. 이 시기에는 나뭇가지를 열 번 물고 오면 진흙은 한 번 정도 물고 온다.

늦깎이 까치 부부는 온종일 지치지도 않는지 한눈도 팔지 않고 어둑어둑할 때까지 작업한다. 그렇게 5일 동안 쉼 없이 둥지를 높이는 작업이 끝났고 이제 둥지 위쪽을 좁히는 작업에 들어선다.

🔩 긴 나뭇가지를 옮기다가 다른 가지에 걸려 방해가 되자 가지 사이에 걸쳐놓고
　　몸을 숙여 안쪽으로 들어가더니 나뭇가지를 수월하게 작업한다.

까치발을
들다

🐦 관찰 11일

수컷 까치가 묘한 반응을 보인다. 손님 까치 한 마리가 둥지 주변 나뭇가지로 날아와 한참을 운다. 손님 까치는 깃털에 윤기가 자르르 흐르고 활기차며 발랄해 보인다. 수컷은 '까깍각 까각' 하고 거슬리지 않게 계속 소리를 낸다. 이렇게 내 둥지를 찾아주니 반갑다는 표현인 듯하다.

그러다 암컷이 날아와 손님 까치를 바로 쫓아내자 왠지 아쉬운 듯한 몸놀림이 드러난다. 암컷이 둥지로 너무 빨리 돌아온 것이 심드렁하다는 뜻인가?

아마도 암컷은 둥지를 침범한 까치가 눈에 띄어 하던 일을 멈추고 날아온 듯 다급한 행동을 보인다. 날아온 암컷은 날카로운 소리로 '까깍까

깍' 한다. 마치 수컷의 행동이 마음에 들지 않아 나무라는 듯 소리가 아주 날카롭다. 수컷이 뭐라 대꾸하듯 소리를 내면서 옆 나무로 날아간다. 옆 나무로 날아가서도 계속 소리를 낸다. 아쉬움의 소리일까, 미안함의 소리일까?

손님 까치는 날아가다가 멋진 둥지가 보여 잠시 들렀던 것은 아닐까. 수컷의 행동으로 보아 손님 까치는 암컷일 가능성이 높아 보인다. 한바탕 신경전을 치른 뒤 다시 까치 부부는 둥지 짓기에 열중이다.

그렇게 몇 시간이 지났다. 늦은 오후에 손님 까치 한 마리가 또 주변을 기웃거린다. 기웃거리다 그냥 날아가지 않고 둥지로 내려앉는다. 손상된 깃털 하나 없이 매끈한 젊은 손님 까치다. 어디선가 불쑥 나타나 주인의 허락도 없이 둥지에 내려앉은 손님 까치가 불쾌하기 짝이 없는지, 수컷 까치의 반응이 날카롭기 그지없다.

이번 손님은 수컷 까치가 반갑지 않은 것으로 보아 수컷인가 보다. 몇 시간 전에 온 손님 까치를 대하는 태도와 확연히 다르다. 새들의 사생활을 관찰해 보면 사람 사는 것과 그리 다르지 않다고 하는데, 재미있는 광경이다.

🐦 관찰 12일

까치 부부가 쉼 없이 둥지 짓기를 하여 마침내 둥지가 아주 깊은 사발 모양이 되었다. 아주 깊어졌다. 이제는 몸길이의 두 배가 되는 긴 나뭇가지를 많이 물고 온다. 사발 모양에서 가장 넓은 부분을 기점으로 너비의 폭을 조금씩 줄이면서 나뭇가지를 쌓는다.

수컷이 제 몸길이의 두 배쯤 되는 긴 나뭇가지를 물고 와 둥지에 얹어 놓고 둥지 안으로 들어가 작업을 한다. 작업하는 모습이 잘 보이지 않는다. 그저 둥지 밖으로 삐죽 나온 꽁지깃의 쉼 없는 움직임으로 알 수 있을 뿐이다.

암수 모두 둥지 둘레를 좁히는 작업을 하기 위해 둥지 안에서 부리로 나뭇가지 다루는 솜씨를 발휘할수록 예술이 되고, 나뭇가지 다루는 솜씨가 예술이 될수록 둥지는 더욱 깊어진다. 한번 작업을 하면 5분 이상 걸리는 횟수도 점점 늘어난다.

둥지가 제법 깊은지 까치 부부는 발끝을 세우고, 고개를 쑥 빼면서 나뭇가지를 흔들어 작업한다. 둥지가 깊어져 어떻게 작업할까 궁금했는데 발끝을 세워 작업할 줄은 생각지도 못했다. 까치는 발끝을 연신 세워 부리로 가지들을 몇 번 들썩거린다. 그에 따라 엉켜 있는 나뭇가지들이 조금씩 제자리를 잡아간다. 지붕 공사가 본격적으로 시작되는 시기라 수없이 까치발을 내딛으며 작업해야 할 것이다. 보기만 해도 작업의 고단함이 고스란히 느껴진다.

어릴 때부터 많이 들어와 익숙하고 정겨운 표현인 '까치발'을 두 눈으로 보니 아련한 기억 한 조각이 떠오른다. 어릴 적 정리함이 없던 시절, 어머니는 아이들 손이 닿지 않기를 바라는 물건을 주로 선반 위에 올려놓았다. 거기에는 아이들이 좋아하는 맛난 것들도 있었다. 먹을 것이 귀했던 시절, 단맛을 내는 설탕이 으뜸이었다. 더운 여름날, 아버지께서 퇴근하

🐦 발끝으로 걷는 까치

고 오시면 어머니는 시원한 물에 설탕을 타서 아버지께 한 대접 건네주시곤 했다. 그때마다 아버지는 조금만 마시고 우리에게 나누어주시며 흐뭇한 표정으로 바라보셨다. 문득 아버지의 따뜻한 눈길이 그립다.

우리는 몸이 아파야만 그 맛있는 설탕물 한 그릇을 얻어 마셨다. 높은 선반 위에 놓인 설탕을 맛보려고 발가락을 바닥에 딛고 발뒤꿈치를 최대한 높이 들고, 고개를 쳐들면서 팔을 있는 대로 뻗어도 설탕 봉지만 겨우 닿을 듯 말 듯해 잔뜩 애가 달았다. 멀리서 그 모습을 보시던 아버지께서 "우리 둘째 딸, 까치발을 해도 손이 닿지 않네" 하시면서 어머니 몰래 설탕 한 숟가락을 주시곤 했는데…….

발꿈치를 들고 발가락 끝으로 서서 있는 대로 몸을 늘이던 것을 왜 '까치발'이라고 했는지 까치를 관찰하면서 알게 되었다. 늘 사람 주변에 살고 길조로 여겼던 까치의 행동을 유심히 관찰했던 옛 어른들의 지혜와 표현이 놀랍다.

지붕을 얹고,
입구를 완성하다

관찰 13~15일

오랜만에 맑은 공기를 마음껏 들이마실 수 있는 날씨다. 도심 하천 주변에서 냉이와 쑥을 캐는 사람들이 정겨워 보인다. 아직 꽃을 피울 시기가 아닌 조팝나무에 한 군데만 꽃이 뭉쳐 피어난 곳이 눈에 띈다. 이상하여 가까이 다가가 보니 왕사마귀 알집에 둘러싸인 곳이다. 얼마나 따뜻했으면 자신의 시계를 잊고 꽃을 피웠는지 놀랍도록 신기하다.

왕사마귀 알집에 둘러싸인 곳에 피어난 조팝나무 꽃

54

열흘 동안 나뭇가지와 사투를 벌이면서 어느덧 둥지의 형태가 갖춰지고, 이제 지붕을 씌우는 작업이 진행되고 있다. 마치 달 항아리처럼 가장 넓은 중간 부분을 정점으로 하여 위로 조금씩 둥지 폭이 좁아지는 형태다.

집을 지을 때 지붕을 얹기 위해 서까래를 놓듯이 까치도 둥지 위를 덮는 작업을 진행한다. 이 구간은 긴 나뭇가지의 쓰임이 많아 자재를 옮기는 것부터가 대형 공사다. 몸길이의 두 배가 넘는 기다란 나뭇가지를 부리의 힘과 자유자재로 움직이는 날개깃으로 균형을 잡으면서 옮겨 나른다. 까치는 한쪽 날개를 움직이지 않고, 다른 쪽 날개를 움직이는 기술이 뛰어나다. 그래서 좁은 공간으로 나뭇가지를 물어 나를 때 곁가지에 걸려도 한쪽 날개를 자유자재로 움직여 균형을 잘 잡고 문제없이 들락거린다.

까치 부부의 머릿속에는 둥지 입구의 설계도가 있는 것 같다. 지금은 주로 동쪽에 나뭇가지를 집중적으로 쌓아 서쪽으로 약간 기울어진 형태다. 그러면서 기둥 안쪽으로 점점 좁혀간다. 아직 둥지의 지붕을 완전히 덮지 않은 상태라 둥지 안을 들락거리며 작업한다. 둥지의 폭이 좁아지자 주변에 있는 메타세쿼이아 곁가지를 많이 꺾어 둥지 안으로 툭툭 떨어뜨려 넣는다.

둥지 안에서 부부가 함께 작업하는 공간이 점점 좁아진다. 이

🪶 한쪽 날개를 자유자재로 움직여 균형을 잡는다.

때문에 한 마리가 둥지 안으로 들어가 작업을 하면 다른 한 마리는 재료를 물어다 주거나 둥지 바깥 가지들이 떨어지지 않게 단단하게 끼우는 작업을 한다.

둥지 안에 있는 까치는 둥지 위에 쌓여 있는 가지들을 정리한다. 너무 깊어 까치발을 하고도 힘들어 폴짝폴짝 뛰면서 고개를 위로 쳐들고 5분 넘게 작업을 하지만, 간혹 10분 동안 작업하기도 한다. 그 고된 작업을 암수가 시간 가는 줄 모르고 함께하다 보니 어느덧 하루가 저문다.

저 멀리서 청둥오리 한 마리가 날아와 작은 호수에 내려앉는다. 잔잔한 호수에 물결이 일고 물결의 파장이 퍼지면서 물에 비친 버드나무가 일렁인다. 바람 한 점 없는 날씨에 버드나무는 이파리 하나 흔들리지 않는데 일렁이는 물결에 비친 버드나무는 구불구불 휘어진다. 마치 초현실주의 화가 살바도르 달리의 작품 〈기억의 지속〉의 일그러진 세계를 보는 듯하다. 시간이 흐르면서 물결은 점점 사라지고 현실 세계로 돌아온 기분이 든다. 관찰하고 있는 나의 모습이 딱 그러하다.

까치에게 포기란 없다. 암컷이 가늘고 기다란 가지를 물고 거침없이 둥지로 직진하다가 그만 가지에 걸렸다. 발로 곁가지를 움켜쥐고 부리에 문 나뭇가지를 놓치지 않으려고 바둥거리다 철봉 운동을 하듯 몸이 한 바퀴 공중제비를 한다. 그래도 악착같이 가지를 물고 있다. 까치는 나뭇가지를 한번 물어 오면 실수로 떨어뜨리지 않는 이상, 힘들다고 중간에 나뭇가지를 포기하는 법이 절대 없다. 나뭇가지에 대한 집념은 새 중에서 가히 으뜸일 것이다.

🔍1 청둥오리가 내려앉아 일으킨 물결의 파장
2 어떤 종류의 나뭇가지라도 포기하는 법이 없다.   3 가시가 있는 아까시나무의 나뭇가지를 물고 있다.

1	
2	3

둥지의 동쪽에 나뭇가지를 높이 쌓는 작업과 함께 전체적으로 둥지 위를 더 높이는 작업을 한다. 힘들게 긴 나뭇가지를 물고 와 둥지 위로 계속 쌓아 놓으니 가지들이 엉성하게 얽혀 지붕이 불룩 튀어나와 보인다. 수컷이 둥지 안에서 부리로 지붕 가지들을 들썩거리면 암컷이 둥지 밖에서

자리를 잡지 못한 가지들을 빼내기가 한결 수월해진다.

암컷이 자리를 제대로 잡지 못한 삼지창 모양의 가지를 수컷 덕분에 쉽게 빼내어 둥지 위에 올려놓으니 둥지가 다 덮인 듯하다.

긴 나뭇가지를 가져와 이제는 남북으로 비스듬히 가로질러 놓는 작업에 몰두한다. 기둥 중간에 어긋나 있는 가지를 지지대 삼아 대각선 방향으로 가지들을 쌓아가니 약간 기울어진 서쪽으로 드나드는 입구가 생겼다. 드러난 입구가 벌집처럼 보인다. 그곳으로 둥지 안을 드나들며 곡예하듯이 물어 나른 가지들을 정리해 가니 불룩하게 지붕이 완성된 느낌이다. 길고도 긴 나뭇가지의 둥지 작업은 끝이 보이지 않을 정도다.

지금까지 암수 모두 둥지 작업에 열심히 참여했지만, 암컷의 작업 시간이 수컷보다 길었다. 관찰 13일, 오전 세 시간 동안의 기록을 보면 나뭇가지를 물고 온 횟수가 암컷이 46번, 수컷이 10번이고 진흙을 물고 온 횟수는 암컷 두 번, 수컷 두 번이다.

오후는 오전처럼 자세하게 관찰하지 않았지만, 그래도 수컷은 가끔, 암컷이 작업하는 모습이 더 많이 눈에 띈다. 오늘은 암컷이 수컷의 몇 배 이상 일을 하는 듯하다. 놀라운 뜻밖의 사실이다. 왜 그럴까? 아직 작업해야 할 단계가 많이 남았으니 더 지켜보아야겠지만, 오늘 암컷의 고단함이 수컷의 몇 배에 이른다.

관찰 14일, 수컷의 행동이 너무 한량 같아서 오늘은 어떻게 행동할지 궁금하다. 이제 수컷의 역할이 줄어들었는지 둥지에 오는 횟수도 줄어든

방향이 살짝 바뀌어 완성된 둥지 입구

다. 오늘도 여전히 한량이고 그다음 날도 그러하다. 암컷의 끈질긴 노력으로 극한 작업이 마무리되어 작업 15일 만에 외형상 둥지가 완성된 느낌이다. 드디어 독특한 우주선 모양의 둥지, 누구도 흉내 낼 수 없는 '스카이 캐슬'이 위용을 뽐내며 우뚝 서 있다.

딱따구리는 둥지 입구의 방향을 상당히 중요하게 여긴다는데 까치는 입구의 방향에 그리 신경 쓰지 않는 것으로 보인다. 둥지 입구는 지붕을 이을 때 어느 방향으로 낼지 이미 설계해 놓은 듯하다. 비바람의 영향을 덜 받게 육아방을 만들려는 의도일지도 모른다.

둥지는 나무줄기를 중심으로 위로 타원형이다. 뒷면은 완전히 수직 절벽이다. 뒷면 수직 절벽에 입구인 듯, 아닌 듯한 구멍이 하나가 있고, 맞은편에 입구가 또 하나 있다. 들어갈 때와 나올 때의 입구가 다른 것은 자주 보았지만, 들어갔던 곳으로 다시 나오는 것을 보면 입구와 출구가 분리되는 것은 아니다. 입구를 내는 모양이나 방향이 다양한 것을 보면 까치 개체마다 개성이 묻어나는 느낌이다.

입구

1 이웃집(1구역) 까치의 둥지 옆모습이 삼각형처럼 보인다.
2 둥지 앞에 나 있는 입구
3 둥지 뒤에 나 있는 입구

1	
2	3

드디어
암컷과 수컷을
구별하다

　구석 양지바른 곳에서 들꽃들이 피고 있다. 들꽃들은 요구 사항이 많지 않다. 환경이 좋을 때는 맘껏 자라 멋지게 존재감을 드러내지만, 상황이 열악하면 그 조건에 맞게 보일 듯 말 듯 꽃을 피운다. 나는 그렇게 한 귀퉁이에 피어 있는 꽃에 눈길이 더 가고 자세히 보게 된다. 병아리처럼 솜털을 보송보송 달고 나온 잎에 솜털 뭉치 노란색 꽃이 귀퉁이에서 나를 바라본다.

　이름이 뭘까 궁금하여 알아보니 '떡쑥'이란다. 빙그레 웃음을 자아내게 하는 정감 있는 이름이다. 어떻게 여기까지 와서 꽃을 피워 나를 위로하는지, 고마운 마음에 몸 둘 바를 모르겠다.

🖊 떡쑥 싹이 올라와 꽃이 핀 모습

기초 작업을 할 때 사랑스러운 달달한 소리를 내며 유대관계를 돈독히 한 이후로 까치 암컷과 수컷의 다정한 모습을 본 적이 거의 없는 것 같다. 1월부터 둥지를 짓기 시작한 여느 까치 부부들은 여유가 있지만, 늦깎이 이 까치 부부는 마음이 급한지 하루도 쉬지 않고 종일 둥지 짓는 작업을 하느라 부리로 늘 나뭇가지를 물어 나르는 모습만 보아왔다.

둥지의 외형이 갖추어진 며칠 전부터 건성건성 작업하는 수컷의 모습이 계속 이어지고 있다. 오늘도 둥지의 막바지 지붕 작업으로 암컷의 고단함이 절정을 이루는 시간에 수컷은 나뭇가지도 물지 않고 둥지로 날아온다. 몸을 가누기 힘들 정도로 바람이 세차게 부는데 용케 둥지 지붕 위로 내려앉는다. 그런데 수컷의 행동이 조금 달라 보인다. 둥지 위를 여기저기 다니면서 암컷을 찾는다.

둥지 입구로 머리를 넣고 둥지 안을 찾아보다가 암컷의 반응이 없자 고개를 들고 '까각 까각 까각' 하고 신호를 보낸다. 그 소리를 듣고 암컷이 부리에 아무것도 물지 않은 채 둥지 위로 내려앉는다. 그러자 수컷이 열정적으로 암컷에게 먹이를 먹여주자 암컷은 낮은 자세로 날개를 펴고 먹이를 받아먹는다.

짝짓는 행동으로 보였지만 나무줄기 뒤에서 일어난 일이라 눈으로 확인하기가 어려웠지만 살짝살짝 보이는 까치 부부의 열정적인 몸놀림으로 보아 가능성이 아주 높다. 서로의 부리로 교감을 나눈 뒤에도 여운이 가시지 않는지 두 까치 모두 가만히 앉아 있다. 잠시 후 암컷이 천천히 둥지 안으로 들어가고, 수컷은 한참을 둥지 위에 있다가 날아간다. 암컷의 고단함에 대한 수컷의 고마움의 표현과 산란을 위해 유대관계를 돈독히 하려는 행동으로 보인다.

서로 애정 표현을 한 뒤에도 수컷은 건성건성 일하는 티가 묻어난다. 그러다 암컷이 둥지로 돌아올 때면 '깍깍 깍깍깍깍깍깍깍깍' 하고 반가운 소리를 내며 몸놀림이 빨라지고 열심히 일 잘하고 있다는 행동을 보인다. 그 모습이 너무 티가 나 웃음이 절로 나온다. 여전히 암컷의 고된 나뭇가지 작업이 계속된다.

🖋 까치의 사랑 노래는 정말 달달하다. 서로 부리를 비비며 애정을 표현하는 모습이나 수컷이 먹이를 먹여줄 때 암컷의 애교 섞인 소리가 사랑스럽다. 실제 짝짓기하는 모습은 멀리서 몇 번 보기는 했지만 사진에 담기가 어렵고 나뭇가지에 가려 온전히 다 보기가 쉽지 않다. 둥지를 짓는 중에도 신뢰를 돈독히 하는 다정다감한 행동을 보일 때가 많다. 짝짓기하는 모습은 여느 새들과 크게 다르지 않다.

사랑의 표현이 있고 나서 1시간 20분이 흐른 뒤, 수컷이 잔가지를 물고 온다. 웬일인지 암컷은 부리에 아무것도 물지 않고, 수컷을 따라 둥지로 서둘러 날아온 모양새다. 묘한 상황이 벌어진다. 암컷은 날개를 펴고 애교를 피우며 입을 벌리고 수컷을 바라보지만, 수컷의 부리에는 잔가지만 물려 있다. 수컷은 당황하고 미안한지 암컷을 피해 다닌다. 그런데도 암컷은 계속 수컷을 따라다니며 입을 벌리고 사랑스럽게 쳐다본다.

수컷은 미안해서 어쩔 줄 모르는 표정으로 암컷을 쳐다본 뒤, 둥지 작업을 하는 둥 마는 둥 자리를 피한다. 옆 가지로 날아가 생가지를 꺾어 오고 또 꺾어 와 둥지 작업을 열심히 한다.

암컷은 서운한 기색을 역력히 드러내며 곁가지로 올라가 생가지를 신경질적으로 꺾더니 둥지 안으로 들어간다. 수컷은 오랜만에 열심히 둥지 작업을 하는 모습을 보인다.

이후로 수컷은 암컷이 보이지 않으면 계속 요란하게 소리를 낸다. 오후 4시쯤 수컷이 부리 안에 무언가를 담고 둥지 안에서 열심히 작업하는 암컷에게 곧장 들어간다. 암컷의 애교 소리가 들리는 것으로 보아 이번에는 수컷이 먹이를 가져와 화해한 모양이다.

다음 날도 수컷의 행동은 크게 달라진 것이 없다. 변함없이 암컷은 바쁘고 수컷은 한량이다. 뜸하게 나타나긴 해도 늘 부리에 둥지 재료를 물고 오던 수컷이 오후 4시 30분에는 아무것도 물지 않고 날아온다. 대신 애쓰는 암컷을 위해 먹이 볼록하게 먹이를 한가득 담아 둥지로 온 것이다.

수컷은 암컷이 둥지 안에 없는데도 망설임 없이 둥지 안으로 들어간다. 곧바로 암컷이 잔가지 물고 나타나 둥지 안으로 들어간다. 잠시 후 먹이를 담아 볼록했던 먹이 홀쭉한 상태로 수컷이 둥지에서 나온다. 그런데 이상하게 암컷의 애교 소리가 들리지 않는다. 아니, 내가 듣지 못했을 수도 있다.

과연 수컷은 암컷에게 먹이를 먹여주었을까? 왠지 분위기가 삐걱거리는 느낌이다.

나는 그 모습이 더 사랑스럽다.

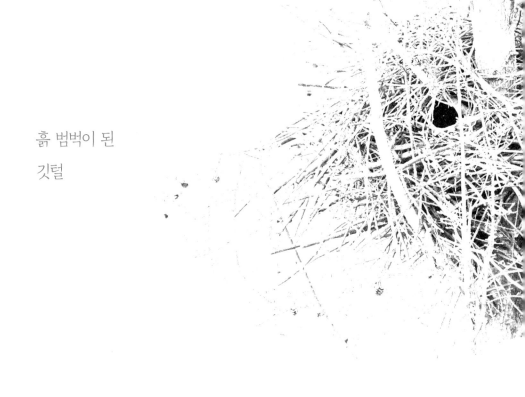

흙 범벅이 된
깃털

🐦 관찰 16일

늦깎이 까치 부부는 여느 까치들보다 많이 늦은, 봄에 둥지를 짓기 시작해 기초 작업부터 진흙을 사용하는 데 문제가 없다. 나뭇가지로 둥지 작업을 하는 동안 가끔 진흙을 물고 와 바닥을 견고하게 다지기도 한다. 그러나 진흙을 본격적으로 사용하는 시기가 있음을 알게 되었다.

관찰 전 이런저런 자료를 찾아보니 대부분 지붕을 만들기 전에 진흙으로 작은방을 다 만들어 놓는다고 하여 그런가 보다 했다. 관찰을 해보니 본격적으로 진흙 작업을 하는 단계가 있었다. 바로 지붕이 만들어지고 외형상 둥지가 완성된 뒤 둥지 안에 알 낳을 방을 만드는 때였다.

1 동고비 암컷의 부리에 흙이 묻어 있다.　2 딱따구리 둥지를 진흙으로 고쳐 짓고 있다.　[1] [2]

　　오전 100분 동안 수컷은 다섯 번, 암컷은 아홉 번으로 암컷이 진흙을 더 많이 물어 나른다. 진흙 작업을 하고 둥지 밖으로 나오는 까치의 모습을 보자 동고비 암컷의 모습이 떠오른다. 동고비는 딱따구리의 둥지를 고쳐 지어 사용한다. 커다란 딱따구리 둥지 입구를 진흙으로 매워 부리로 열심히 다져 몸 하나 간신히 드나들도록 입구를 만든다. 입구를 만드느라 동고비 암컷의 뾰족한 부리는 뭉툭해지고 늘 진흙이 묻어 있다.

　　둥지 안에 산란방을 본격적으로 작업하는 날에는 진흙과 잔가지를 집중적으로 물어 나른다. 어제는 온종일 암컷만 진흙을 열다섯 번 정도 물어 나르고, 수컷은 한 번도 물고 오지 않았다. 나뭇가지나 잔가지를 물고

69

🐦 잔가지와 진흙을 물어 나르느라 정신없는 까치 부부

오는 횟수도 암컷이 훨씬 많다.

관찰이 모두 맞다고는 할 수 없지만, 암컷이 대부분 진흙을 물어 나르고 둥지 안 작업도 주도적으로 하는 것으로 보인다. 다음 날에도 수컷이 서너 번 진흙을 물어 날랐을 뿐 둥지 작업은 여전히 암컷의 몫이다.

밤새 비가 온 다음 날은 진흙을 구하기가 아주 수월하다. 암수가 정신없이 진흙을 물어 나르며 둥지 안에서 작업하는 시간도 제법 길어진다. 한번 둥지 안으로 들어가 작업하면 10분가량 걸리기도 다반사다. 멋진 흑백의 자태는 둥지 안으로 드나드는 횟수가 늘어날수록 점점 진흙투성이가 되어간다. 그 고단한 모습에 마음 한구석이 짠하다.

진흙 범벅이 된 부리는 둥지를 나와서 나뭇가지에 쓱쓱 문지르기도 하

1 암컷 2 수컷 1 2

지만 마음이 바쁜지 그냥 다니기도 한다. 암수가 둥지 안을 들락거리며 진흙 작업을 하는데 수컷보다는 암컷이 더 심하게 흙 범벅이다.

　둥지 안의 산란방은 진흙과 잔가지 그리고 마른풀을 함께 사용한다. 헤아릴 수 없을 정도로 수없이 물고 오는 잔가지와 그 밖에 마른풀, 마른 솔잎, 나무껍질, 마른 나뭇잎 등등을 재료로 사용한다. 그리고 아주 가끔 포근한 솜도 물어온다.

　둥지 안에 산란방을 만드는 와중에도 외부 작업을 꾸준히 하여 둥지의 완성도를 높여간다. 까치 부부의 수고로움이 쌓이면 쌓일수록 튼튼하고 안전한 둥지 '스카이 캐슬'이 되어간다.

🔨 나무껍질, 마른풀도 열심히 물어 나른다.

봄비의 선물,
쉼

🐦 관찰 17일

비가 내린다. 봄비는 자연을 봄빛으로 물들게 한다. 며칠 전부터 비가
오락가락했는데 오늘은 하루 종일 내리려나 보다. 비가 내리니 날씨가 몹
시 쌀쌀해져 관찰하는 내내 오들오들 떨린다. 잠시 나와서 느끼는 추위
와 종일 바깥에서 느끼는 추위는 체감이 너무 달라 오히려 겨울보다 더
춥게 느껴진다. 친구가 멀리서 따뜻한 마음으로 응원과 위로를 보내온다.

비 덕분에 까치 부부도 잠시 쉼을 갖는다. 그저 둥지에 내려앉아 둥지
바깥을 부리로 한두 번 콕콕 다듬으며 시간을 보낸다. 그 와중에 수컷 까
치는 가느다란 풀뿌리를 물고 와 둥지 속에 넣어두고는 이내 날아간다.

까치 부부는 둥지 옆 은행나무에 웅크리고 앉아 내리는 비를 온몸으로 맞으며 무슨 생각을 할까? 이웃집 까치는 둥지 아래에서 비를 피해 앉아 있다. 그 모습이 얼마나 귀여운지, 마치 둥지를 머리에 이고 있는 것처럼 보인다. 내리는 비를 맞기도 하고 피하기도 하며 여유로움이 묻어나는 시간이다.

둥지를 품은 메타세쿼이아도 비를 흠뻑 맞으며 깊은 겨울잠에서 깨어나 잎 틔울 준비를 한다. 잎눈을 꼭꼭 감싸고 있던 껍질들이 하나씩 벗겨지면서 연초록색 잎이 나오기 시작한다. 흠뻑 내린 비로 나무들의 생명력이 충만해지는 느낌이다.

공원의 작은 새들도 어디에서 쉬고 있는지 기척이 없다. 박새는 예쁜 정원 가로등 안에서, 참새들은 비를 피해 나뭇잎 사이로 숨어들어 삼삼

🪶 내리는 비를 맞는 둥지와 나무. 나무에 잎이 돋아날 듯 생동감이 감돈다.

오오 웅크리고 모여 있다.

　몇 년 전(2019년), 비가 억수로 오는 날에 후투티 한 마리가 인공 둥지 위에 앉아 굵은 나뭇가지를 우산 삼아 비를 피하는 모습을 본 적이 있다. 그 모습을 보면서 새들도 비를 온전히 다 맞는 것이 아니라 피하기도 한다는 것을 알았다.

1　비를 피하는 영리한 참새
2　비를 피하는 후투티
3　비를 피하는 박새

1	3
2	

포근한 알자리는
암컷이 나서서

🐦 관찰 18일

24절기의 다섯 번째인 청명이 하루 지난 날이다. 이때가 가장 '봄다운 봄'이라고 한다. 비가 온 뒤 날씨가 상쾌하다. 그래도 아직 바람이 차고 나에게 스치는 체감도 쌀쌀하지만 봄비가 내릴수록 봄을 재촉한다.

나무들은 저마다의 색깔로 싹을 틔운다. 벚꽃은 활짝 피어 새들의 특별식으로 만찬을 이룬다. 아주 낮게 날아다니는 뱁새도 벚꽃의 씨방을 따 먹느라 높은 곳까지 날아오르고, 직박구리는 벚꽃 꿀을 먹느라 즐거운 비명이 끊이질 않는다. 새들은 움트는 새싹을 싹둑싹둑 잘라 먹는데 아마도 봄날의 별식인가 보다. 씨방을 빼앗긴 벚꽃 잎이 바닥에 떨어져 꽃밭을 이루고 있다.

1 직박구리 2 박새

3 참새 4 씨방을 빼앗긴 벚꽃이 바닥에 깔려 있다.

1	2
3	
4	

까치 부부는 어제 비가 와서 못다 한 작업을 한꺼번에 하려는 듯 바삐 움직인다. 이틀 전에 진흙 작업을 다 해서인지 비가 온 뒤이지만 더는 진흙을 물어 나르지 않는다. 이제는 둥지의 마지막 작업으로 알 낳을 방을 포근하게 해줄 재료만 물어온다.

암컷은 마른풀을 한입 물고 뒤도 돌아보지 않고 둥지 안으로 들어간다. 옥상 정원에 물이 말라 드러난 수생식물의 뿌리도 중요한 둥지 재료로 까치 부부 모두 서너 번씩 물어 나른다. 암컷은 재료를 한입 가득 야무지게 물고 오는 반면, 수컷은 엉성하게 물어 줄줄 흘리면서 날아와 둥지에 도착할 즈음에는 암컷의 반도 안 된다.

🖐 비닐 끈을 모으는 중

78

바닥에 박혀 있는 비닐 끈도 둥지 재료다. 비닐 끈을 부리로 물고 줄다리기하는 자세로 한 가닥, 한 가닥씩 뜯어 모아 한입 가득 물어 온다. 가끔 스트로브잣나무에 지은 직박구리의 묵은 둥지에 있는 재료도 가져온다.

어디서 가져오는지 누런색의 바닥 재료를 한입 가득 물고 암수가 함께 날아온다. 나는 궁금해서 까치의 동선을 눈여거본다. 새로 심은 이팝나무 지지대에 내려앉더니 지지대 안에 나무를 감싼 녹화마대(천연 식물 섬유제인 굵고 거친 삼실로 짠 커다란 자루. 통기성, 흡수성, 보온성, 부식성이 뛰어남)를 부리로 뽑아서 한가득 물고 오는 것이 아닌가! 주변에 있는 재료들을

🏹 녹화마대

79

✎ 암수 모두 황금색 재료를 물어 나른다.

🐦 폭신한 재료를 물어 나르는 이웃집 까치

정말로 잘 이용한다. 그 재료를 가장 많이 물어다 나르는 것으로 보아 이
까치 부부의 알 낳을 자리는 황금색이리라.

그렇게 며칠을 정신없이 보내던 까치 부부가 둘만의 여유 시간을 보낸
다. 가끔은 수컷이 암컷에게 먹이도 물어다 주고 암컷은 어리광을 피우
듯 애교 소리로 고마움을 표현하며 사랑과 신뢰를 쌓아간다.

뜸하게 한 번씩 폭신한 재료를 물어 나르는가 하면, 가끔 깃털도 한 가
닥 물고 오면서 알 낳을 때를 기다린다.

까치 둥지가 완성되기까지…

🔧 관찰 2일째

🔧 관찰 6일째

🔧 관찰 9일째

🔧 관찰 11일째

🔧 관찰 12일째

🔧 관찰 15일째

🔧 관찰 16일째(외형 완성)

🔧 관찰 22일째(전체 완성)

알을
낳다

이제 까치 부부의 행동에서 여유로움이 묻어난다. 수컷은 다정다감하게 암컷에게 한 번씩 먹이도 먹이고 둥지 주변을 살피는가 하면, 즐겨 앉는 옆 은행나무에 앉아 경계를 선다. 그러나 둥지 기초 공사를 할 때처럼 달달한 노래는 부르지 않는다. 이따금씩 암컷과 함께 둥지 안을 살펴보고, 둥지 재료를 물어 오기도 하고, 둥지 외부를 손질하기도 한다. 부부가 함께 유기농 텃밭에서 먹이 활동을 하면서 산란을 준비한다.

🐦 관찰 22~27일

이른 아침 6시, 암수가 함께 둥지로 온다. 그러고는 둥지 속으로 드나들기를 몇 번 한다.

오전 7시가 넘어서자 암컷이 먼저 둥지로 들어가고, 수컷은 둥지 입구에 꽁지가 보일 정도로만 뒤따라 들어간다. 이내 수컷이 둥지에서 나와 나뭇가지에 앉았다가 날아간다.

얼마 동안 둥지 안에 머물던 암컷이 나온다. 알을 낳고 나온 듯하다. 둥지에서 나온 암컷은 둥지 앞이나 위에서 움직이지 않고 조용히 앉아 있다. 몇 분이 흘렀을까, 수컷이 먹이를 물어와 먹여준다. 먹이는 한 번 주기도 하고 연달아 두 번 주기도 한다.

수컷은 주로 날개 깃털을 다듬지만, 암컷은 알을 낳은 뒤에는 특히 가슴 아래 배 쪽을 많이 다듬는다. 배의 하얀색 보온 깃털이 부풀려 있고, 가운데가 휑하게 보이는 부분이 포란반인 듯하다.

먹이를 받아먹은 암컷은 나뭇가지에 부리를 문지르는 행동을 많이 보인다. 수컷은 둥지 주변을 다니면서 나뭇가지 여기저기에 부리를 문지르며 콕콕 쫀다.

암컷이 둥지 안으로 몇 번 더 들어갔다 나오기를 반복한다. 그러고는 암수가 함께 옥상 난간이나 은행나무에 앉아 경계를 서며 시간을 보낸다. 가끔 둥지를 오가면서 참새라도 보이면 쏜살같이 날아와 쫓아낸다. 산란하는 동안에는 행동 양상이 거의 비슷하며 움직임이 조용조용하다. 이 기간에는 까치의 사랑스러운 소리가 나직이 들리고 암수가 거의 함께 다닌다.

🪶 암컷은 배 부분을 많이 다듬고, 수컷은 둥지 주변의 나뭇가지를 콕콕 다듬는다.

🖋️ 관찰 28일

그러나 마지막 산란은 분위기가 조금 다르다.

오늘도 암수가 함께 둥지로 온다. 암컷이 둥지로 들어가 잠깐 살펴보더니 둥지 주변에 여유롭게 앉아 있다가 가볍게 먹이 활동을 한다. 이러한 행동을 몇 번 되풀이한다.

드디어 오전 7시 30분 무렵, 암수가 함께 둥지로 날아와 암컷이 먼저 들

✎ 산란 후 수컷은 암컷에게 먹이를 가져다 먹여주고 암컷을 사랑스럽게 대한다.

어가고 수컷이 따라 들어간다. 이번에도 수컷은 꽁지가 보일 정도로만 들어갔다 나와서 입구의 나뭇가지에 앉아 기다린다.

몇 분 뒤 암컷이 둥지에서 나와 움직임 없이 가만히 앉아 있다. 수컷이 암컷 곁으로 와서 암컷의 부리를 살갑게 보듬어주며 사랑스럽게 암컷을 대한다. 그리고 둥지 주변의 나뭇가지 이곳저곳에 부리를 문지른다. 그런 다음, 먹이를 구해 쏜살같이 날아와 암컷에게 먹여주고 또 날아가서 먹이를 구해와 먹여준다.

암컷은 30분 동안이나 거의 움직임이 없이 조용히 깃털만 다듬는다. 먹이를 두 번 정도 받아먹은 뒤, 살며시 다시 둥지 안으로 들어간다. 몇 분 정도 있다가 다시 둥지 밖으로 나와 움직임이 거의 없이 앉아 있기를 반복한다. 수컷은 바로 날아가지 않고 은행나무에 앉아 암컷을 살펴보고는 조금 더 먼 나무에 앉아서 살펴보는 행동을 되풀이하며 시간을 보낸다. 아마도 마지막 산란 후 포란을 준비하는 것으로 보인다.

딱새, 박새, 뱁새는 알을 하루에 하나씩 낳는 것을 눈으로 확인할 수 있지만, 까치는 둥지 안의 상황을 확인할 방법이 없어 알 수 없다. 적어도 열흘 전부터 수컷이 암컷에게 자주 먹이를 먹여주는 모습으로 보아 산란을 준비하는 시간이 꽤 긴 것 같다. 아무튼 알을 하루에 하나 낳는지, 이틀에 하나를 낳는지 확인하기 어렵다.

그리고
품다

🪶 관찰 29일

전형적인 봄날이다. 바람도 세차고 봄볕도 따갑다. 이른 봄에 피는 꽃들은 거의 지고 완연한 봄을 알리는 꽃들이 피기 시작한다. 분꽃나무에 작은 꽃송이가 하나둘씩 피기 시작하더니 어느새 반 이상이 피었다. 은은한 분꽃 향이 가슴 깊숙이 파고든다.

모과나무의 연분홍 꽃도 수줍은 듯 곱게 피었다. 독특하게 모과 꽃은 굵은 가지에 딱 붙어 피고, 꽃의 존재감을 요란하게 드러내지 않는다. 나는 그런 모과 꽃이 참 좋다.

따가운 봄볕에 피부색이 변하는 소리가 들리는 것 같다. 그래도 기분이 좋다.

🔖 분꽃나무 꽃

세찬 봄바람에 만물이 흔들린다. 둥지를 품은 메타세쿼이아도 잎눈이 터져 잎을 펼칠 시기를 기다리고 있고, 어느새 열매가 존재감을 드러내기 시작한다. 묵은 열매는 거의 다 떨어져 몇 개만 남아 달랑거린다. 마음 깊이 스며든 분꽃 향기가 고단한 하루의 피로를 풀어준다.

이른 아침, 까치 부부가 다정하게 먹이 활동을 한다. 6시 20분, 암컷은 둥지로 들어가고 수컷은 근처 은행나무 꼭대기에 앉아 경계를 선다. 1시간 10분 후, 수컷이 신호를 보내면서 날아오자 암컷이 둥지를 박차고 나

🌾 모과나무 꽃

와 어린아이 소리를 내며 먹이를 받아먹는다.

암컷의 행동으로 보아 포란 시작일이 산란을 마친 어제 오후 무렵인 듯하다. 한 시간 넘게 둥지 안에서 알을 품는 것이 얼마나 고행일지 가늠이 되고도 남는다. 암컷은 둥지 밖으로 나와 수컷과 나란히 먹이 활동을 할 때도 스스로 찾아 먹지 않고, 애교 소리를 내며 날개를 쫙 펴고 몸을 낮추어 먹이를 달라고 한다. 어제까지만 해도 볼 수 없었던 행동이다. 포란 초기에 나타나는 암컷 특유의 행동으로 보인다.

수컷 또한 행동반경이 아주 좁다. 거의 영역 안에서만 머문다. 영역 안으로 다른 까치가 오면 쫓아내고 둥지 근처에 직박구리가 내려앉으면 쏜살같이 날아와 쫓아낸다. 까치들 사이에는 아직 영역 다툼이 많지 않지만, 가끔 경계선 부근에서 가벼운 실랑이가 벌어지기도 한다.

오후가 되자 둥지 주변에 고요함이 흐르고 둥지 안에서는 약간의 움직임만 느껴질 뿐이다. 수컷이 조용히 둥지로 온다. 수컷이 오는 것을 알고 암컷이 어린 새처럼 어리광 부리는 소리가 고요함을 깬다. 수컷이 알을 품고 있는 암컷에게 먹이를 전달하러 온 것이다. 고마움을 표현하는 암컷의 사랑스러운 소리와 함께 수컷이 조용히 둥지 밖으로 나와 날아간다.

다시 고요가 흐른다. 박새가 까치 둥지 위로 당당하게 내려앉으면서 적막을 깬다. 박새는 까치 둥지가 유혹하는지 입구에 호기심 어린 행동을 보인다. 그러자 둥지 안에서 알을 품고 있던 암컷이 낌새를 알아차리고 고개를 내미니 박새가 기겁을 하고 날아가 버린다.

한참을 둥지 안에서 알을 품고 있던 암컷이 조용조용 천천히 둥지에서 나온다. 몸 깃털이 이리저리 날린다. 몸을 가누기가 힘들 정도로 바람이 세차다. 잠시 둥지를 손질하며 쉼을 갖는다. 그러다 수컷이 날아오는 소리를 듣고 어린 새소리를 내며 둥지 안으로 들어간다. 수컷이 따라 들어가 암컷에게 먹이를 주고 곧바로 나와 날아간다.

오전에는 암컷이 둥지를 박차고 나와 먹이를 받아먹었는데, 지금은 둥지 안으로 들어가 먹이를 받아먹는다. 적막감이 흐르듯 시간이 흐른다.

호시탐탐 기회를 엿보던 고양이가 까치 둥지가 있는 메타세쿼이아를

슬금슬금 올라타기 시작한다. 고양이가 나무를 잘 타는 것은 보았지만, 조금 올라가다 말겠지 하며 대수롭지 않게 여겼는데 나무 높이의 반 이상을 올라가고 있다!

갑자기 주변에서 경계를 서고 있던 수컷의 긴급한 소리가 울려 퍼지자 알을 품고 있던 암컷도 경계의 날카로운 소리를 내며 서둘러 둥지 밖으로 나와 날아간다. 잠시 쉬려고 둥지에서 나올 때의 모습과는 확연히 다른, 마치 전쟁터에 나가듯 비장한 모습이다.

1 2
1 고양이가 까치 둥지가 있는 나무에 슬금슬금 올라가다가 까치와 맞버티고 있다.
2 고양이는 아쉬워하며 나무에서 내려온다.

　적막감을 깬 까치의 소리는 가히 전쟁을 선포하는 듯하다. 고양이는 굴하지 않고 더 높이 올라가다 까치에게 가로막혀 주춤한다. 까치의 공격에 더 이상 올라가지 못하고 망설이다가 안 되겠다 싶은지 슬금슬금 몸을 돌려 나무에서 내려오기 시작한다. 아쉬운지 까치 둥지를 올려다보며 입맛 다시기를 몇 차례 하며 내려온다.

　고양이가 내려와 다른 곳으로 간 뒤에도 날카롭게 까각거리는 소리가 한동안 이어진다. 수컷이 바닥에 내려앉아 먹이를 찾으면서도 경계의 소리를 멈추지 않는다. 전쟁을 치르고 돌아온 암컷도 둥지 안으로 들어가

🔨 까치 부부는 바닥에 내려와서도, 둥지로 가서도 계속 예민하게 울어댄다.

기 전까지도 긴장이 풀리지 않은 모양인지 꽁지깃을 치켜세우며 카랑카
랑한 소리로 계속 '까깍 까깍'거린다.

　다시 일상의 모습으로 돌아왔다. 암수 모두 에너지를 많이 소비했던
탓에 수컷의 먹이 공급이 조금 늦어진다. 12분 만에 수컷이 먹이를 물고
조용히 둥지로 오니 암컷의 사랑스러운 소리가 둥지 밖으로 새어 나온
다. 어김없이 수컷은 서둘러 안으로 들어가 먹이를 먹이고, 받아먹는 암
컷은 고마움의 소리를 낸다. 얼마나 감사한 마음으로 먹이를 받아먹는지
소리만으로도 넘치게 와 닿는다.

🔦 암컷이 알을 품는 동안 수컷은 10분마다 멱이 볼록하게 먹이를 가져와 암컷에게 먹인다.

다음 날, 그리고 그다음 날도 암컷이 알을 품는 동안의 일과는 거의 변함이 없다. 거의 10분마다 수컷은 암컷에게 먹이를 물어다 먹이는 일을 성실하게 수행하며 영역을 지킨다.

어느새 수컷의 부리 주변 깃털이 빠지기 시작한다. 다른 까치들보다 늦게 시작한 부부라 마음이 짠한데, 벌써 깃갈이가 시작되는 건가? 수컷의 모습을 보니 안쓰러움이 더 크다.

간혹 암컷을 둥지 밖으로 유인하는 일들이 벌어진다. 바로 작은 텃새들의 잦은 방문이다. 이번에는 곤줄박이 한 마리가 둥지 근처로 온다. 겁도 없이 까치 둥지 위에 내려앉아 호기심 어린 행동을 보인다.

암컷이 소리 없이 조용히 나오자 곤줄박이는 놀라서 허둥지둥 날아간다. 암컷은 불청객의 방문이 성가시고 거슬리는 듯 바로 쫓아낸다. 둥지를 나온 김에 잠시 둥지 주변을 살핀 뒤 살금살금 둥지 안으로 들어간다. 알을 품고 있는 암컷의 조심스러운 행동이 고스란히 묻어난다. 곤줄박이 덕분에 잠깐이라도 쉬었다고 생각하면 고마울 수도 있겠다.

🐦 관찰 31일

늦은 오후, 5시 30분이다. 25분 넘게 둥지 안에 머물던 암컷이 까각대며 다시 둥지 밖으로 나온다. 수컷이 먹이를 주고 나간 뒤 14분 만이다. 수컷에게 신호를 보내는 것인지, 암컷이 계속 나뭇가지에 앉아 울어대다가 날아간다. 포란 기간에는 둥지 주변에서 요란하게 울어대는 일이 없는데, 오늘은 수컷이 암컷에게 차려주는 저녁 밥상이 늦었나 보다.

암컷이 날아간 후 4분 정도 지나서 수컷이 먹이 볼록하게 먹이를 많이 담아서 둥지로 온다. 그런데 사랑스럽게 맞이하는 암컷의 반응이 없으니 이상하다는 듯 둥지 안으로 들어간다. 짧은 순간이지만 둥지 안에 암컷이 없다는 사실에 수컷은 만감이 교차했으리라.

몇 초 뒤 암컷이 둥지 위에 제대로 내려앉지 못할 정도로 헐레벌떡 날아온다. 얼마나 마음이 급한지 둥지 안으로 쑥 들어가지도 않고 꽁지를 바깥으로 내민 자세로 먹이를 받아먹는다. 그리고 9분 뒤, 다시 수컷이 암컷의 저녁밥을 주러 온다. 먹이를 준 뒤 수컷은 둥지 입구에서 한참을

🔖 알을 품고 있는 암컷 까치

앉아 있다가 날아간다. 암컷 혼자 밤을 보내는 것에 대한 배려일까? 어둠
이 완전히 내려앉는다.

까치의 긴 포란 기간에 하루하루가 비슷한 일상이 이어진다.
그동안 둥지를 품고 있는 메타세쿼이아에는 많은 변화가 일어났다. 엉
성하던 잎이 무성해지고, 거의 다 떨어진 묵은 열매를 대신하여 새 열매

가 자라나고 있다.

언제나처럼 수컷은 정성 들여 암컷의 먹이를 가져와 먹이고, 암컷은 고마운 마음을 사랑스러운 애교 소리로 보답하며 알을 품는 23일에서 24일이라는 긴 나날을 함께 버텨내고 있다.

암컷은 짧게는 20여 분, 길게는 한 시간 이상을 둥지 안에서 보내고, 둥지 밖으로 나와서는 7·8분 있다가 들이긴다. 해질 녘에는 둥지를 나와 20여 분 정도 바깥에서 먹이 활동을 하면서 휴식 시간을 보낸다. 휴식이 끝나면 둥지로 들어가 알을 품으며 긴긴 밤을 보낸다.

아침에는 수컷의 방문을 시작으로 둥지에서 나와 20여 분을 바깥에서 먹이 활동을 하며 수컷과 보내고 나서 다시 일상으로 돌아와 알을 품는다. 간혹 둥지 근처에서 성가신 소리가 들리면 불청객들을 쫓아내느라 둥지에서 잠시 나올 때도 있다.

누가
호랑나비 애벌레를
먹었을까?

　해마다 정문 앞 산초나무에 호랑나비와 제비나비가 찾아온다. 이맘때 나는 산초나무 잎을 살펴보며 소소한 재미를 누린다. 산초나무를 샅샅이 훑다가 드디어 알 하나와 아주 작은 애벌레 하나를 찾았다. 너무나 반갑고 기뻐서 눈이 동그래지고 입이 절로 벌어진다. 애벌레가 자라는 모습을 상상하며 설레는 며칠을 보낸다.

　옥상 정원에도 산초나무와 초피나무가 있어 자세히 찾아보기로 한다. 그런데 아무리 찾아도 없다. 벌써 새들의 먹이가 되었나 하면서 정원을 구석구석 다니며 살펴보다가 하귤나무에 시선이 머문다. 호랑나비 애벌레가 하귤나무 잎을 갉아 먹고 있는 모습이 눈에 들어온다. 하귤나무 잎을 하나씩 살펴보니 잎사귀마다 성장 시기가 다른 애벌레들이 자리를 차

지하고 있다. 어미가 잎마다 알을 하나씩 낳았는데 잎이 커서 애벌레가 자랄 때까지 이동을 거의 하지 않아도 될 것 같다.

날마다 까치를 관찰하는 재미와 호랑나비 애벌레가 커가는 모습에 빠져 시간 가는 줄도 모른다. 호랑나비 애벌레가 다섯 마리나 되어 하귤나무 잎이 거의 없어져 걱정스러움이 조금씩 생기긴 해도 자연의 조화는 참 묘하다.

애벌레들이 가장 예쁘고 통통한 5령(령은 애벌레의 나이를 세는 단위로, 탈피를 한 번씩 할 때마다 차례를 붙여 부른다. 보통 애벌레인 유충 시기의 마지막 령을 종령이라고 한다)이 되자 한 마리씩 사라진다. 번데기를 틀려고 이동하였거나 옥상을 주로 이용하는 딱새나 까치의 먹이가 되었을 수도 있겠다. 그

1　1 종령 애벌레　2 호랑나비 번데기
2

🔗 기생벌에 몸을 내어준 호랑나비 번데기

많은 애벌레가 새들의 먹이가 되거나 번데기를 틀 시기에 기생벌이나 기생파리에 몸을 내주어 온전히 나비로 태어날 확률은 1.5퍼센트가 안 된다고 한다.

몇 년 전, 날개돋이(우화) 모습을 보려고 집으로 가져온 번데기에서 금좀벌과의 기생벌이 우르르 나오는 충격적인 장면을 접했다. 옥상 정원의 애벌레들 또한 그 치열한 삶의 현장 속에서 살아가고 있다.

까치를 관찰하다가 잠시 주변을 둘러본다. 순간, 나뭇가지에 붙어 있던 애벌레가 갑자기 아래로 축 늘어져 깜짝 놀랐다. 자세히 보니 아래로 축

1 │ 1 죽은 척하는 애벌레
2 │ 2 천적이 없어지자 다시 먹이 활동을 하는 애벌레

늘어진 부분이 머리였다. 한참을 서 있는데도 움직이지 않아 그냥 지나친다. 정원을 한 바퀴 돌고 혹시나 땅으로 떨어졌는지 궁금하여 다시 가 보니 놀랍게도 열심히 먹이 활동을 하고 있다. 천적이 지나가니 죽은 척했던 것이다. 작은 생명이라도 자신을 방어하는 능력에 그저 놀라울 뿐이다.

"그래, 애벌레야!
너는 새들에게 잡아먹히지 말고 온전히 살아남아 멋진 우화의 모습을 볼 수 있게 해다오.
내가 비록 새들의 어미 노릇을 하지만, 너의 모습은 잊을 수가 없구나."

이 애벌레의 이름이 궁금하여 친구에게 물어 보니 '흰눈까마귀밤나방'이란다.

나의 보금자리는
신호등 구멍이야!

　입하 절기가 무색할 정도로 일찍 무더위가 찾아왔다. 비록 적은 양이지만 잠시나마 무더위를 식히는 비가 더없이 소중하게 느껴지는 날이다. 비 내리는 창밖을 내다보면서 무심히 신호등을 바라보는데 쇠박새가 무언가를 물고 전혀 상상 밖의 구멍으로 들락거리는 모습이 눈에 들어온다.

　구멍의 너비가 1.5센티미터밖에 되지 않는 곳을 12센티미터 크기의 쇠박새가 들락거리는 광경에 나는 눈을 의심하지 않을 수 없었다. 얼른 쌍안경으로 보니 쇠박새는 먹이를 물고 들어가고 새끼 똥을 물고 나오기를 정신없이 한다.

　나는 그저 감탄만 쏟아내고 멍하니 서 있었다.

　한편으로 비 오는 날 곡예 하듯 들락거리는 쇠박새의 모습에 가슴이

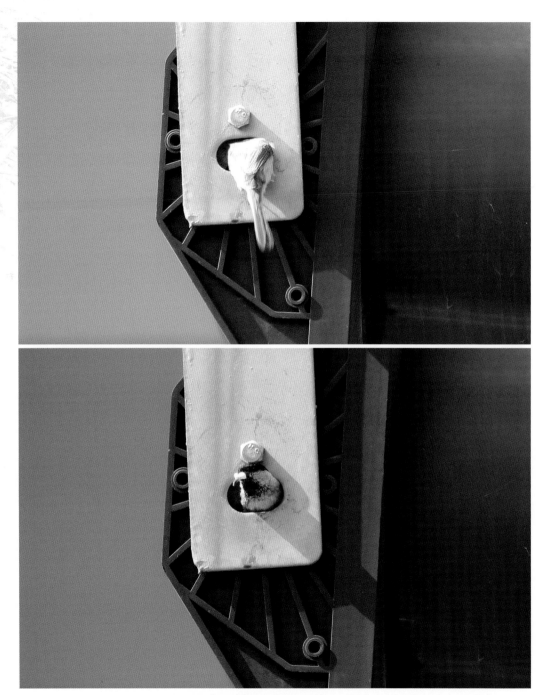

🦅 쇠박새가 신호등 구멍을 드나들며 먹이와 똥을 물어 나르고 있다.

아리다. 얼마나 둥지 지을 곳이 없으면 저런 곳에 둥지를 틀까? 인간이 생명체에 대한 배려가 많이 부족하다는 생각에 마음이 무겁다. 그래도 인공 구조물에 둥지를 튼 쇠박새에게 박수를 보낸다. 어려운 환경이지만 그 속에서 적응하며 살아가는 작은 생명의 모습이 참으로 대견하다.

또 다른 신호등의 구멍에서 번식하는 참새도 눈에 띈다. 참새 아파트에서 밀려난 참새들이 전봇대나 신호등에서 번식하기도 한다. 재미있는 것은 쇠박새가 들락거리는 구멍은 참새나 박새가 들락거릴 수 없는 크기다. 참새가 들락거리는 동그란 구멍은 신호등 불빛이 켜지는 아래에 있다. 그곳으로 들락거리면서 신호등 안쪽 빈 곳에 둥지를 튼다. 이 무더위에 신호등 안은 얼마나 더울까?

몇 년 전, 홍천 가는 길에 전봇대에서 곤줄박이와 참새가 둥지 자리를 놓고 쟁탈전을 벌이는 모습을 본 적이 있다. 전봇대 구멍마다 참새와 곤줄박이가 쌍쌍이 들어앉아 경쟁이 치열했다. 구멍을 차지하지 못한 곤줄박이는 참새가 들어앉은 곳을 호시탐탐 노렸다. 참새는 기회를 엿보고 있는 곤줄박이 때문에 구멍에서 나올 때 쌍으로 나오지 않고 한 마리씩 교대로 나왔다. 지나가던 길이라 끝까지 지켜보지는 못했지만, 과연 마지막에 그 구멍을 어떤 새가 차지했을지 궁금했던 적이 있다.

시골에서도 구멍을 이용하는 새들이 틈을 찾기가 쉽지 않다. 친정 부모님 집에도 가스레인지 후드 배기관에 해마다 참새가 번식했다. 몇 년 뒤 어머니는 인정사정없이 배기관을 막아 버리셨다. 다행히 보일러실에

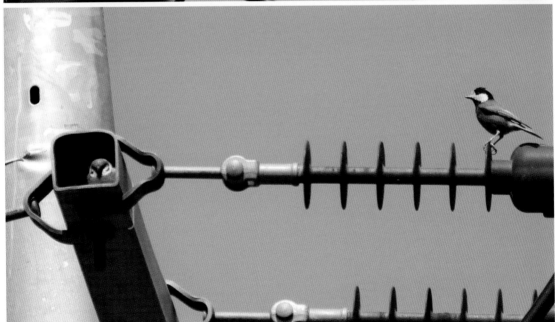

곤줄박이와 참새. 둥지 지을 자리를 놓고 쟁탈전이 치열하다.

틈이 있어 참새는 그곳에 둥지를 틀기 시작했고, 어머니께는 그 사실을 알려드리지 않았다.

  며칠이 지나자 어느 순간부터 쇠박새가 신호등 구멍을 들락거리지 않는다. 벌써 새끼들을 데리고 둥지를 떠난 것이다. 새끼들이 작은 구멍에서 어떻게 나올지 정말 궁금했는데 참 많이 아쉽다.
  며칠 뒤, 옥상 정원 소나무에 쇠박새 가족이 모여 앉아 먹이 활동을 하는 모습을 보았다. 생동감이 넘쳐흐르는 모습이다.

드디어
새끼가 깨어나다

🐦 관찰 52일, 부화 1일

눈이 내리는 것처럼 버드나무 씨앗의 하얀 솜털이 공원을 온통 뒤덮고 있다. 씨앗이 솜털을 달고 어미 나무에서 떠날 준비가 되었음을 알리듯 바람을 기다리며 소리 없이 떠돈다.

오늘은 공원 분위기가 예사롭지 않다. 마치 큰 변화를 암시하는 것 같은 적막이 흐르고 까치 부부의 소리도 들리지 않는다. 까치의 번식 생태 정보가 내가 관찰한 결과와 조금 차이가 있어 이웃 까치의 포란 기간 24일을 기준으로 전후 일을 집중적으로 관찰했다. 어느새 메타세쿼이아 잎이 둥지 입구를 절묘하게 가리고 있다.

🐾 마치 시간이 정지된 것 같은 둥지는 나뭇잎의 변
화로 시간이 흐르고 있음을 알 수 있다.
둥지 안에는 얼마나 큰 변화가 일어나고 있을까?

🐦 드디어, 새끼가 깨어나고 있다. 늦깎이 까치 부부는 얼마나 감격스러울까!

　오전 5시 25분, 이른 아침에 수컷 까치가 소리도 없이 둥지 위로 와서 조심스레 주변을 살피며 둥지 안으로 들어갔다가 바로 날아간다. 수컷 까치의 행동 변화에서 새끼가 깨어났음을 직감한다. 나무 구멍이나 틈에 지은 둥지나 까치 둥지는 그 안을 들여다볼 수 없다. 따라서 새끼가 알에서 깨어나는 감격의 순간을 직접 느낄 수 없으니 모성애에 기대어 느껴 본다.

　박웅 작가가 쓴 『참매 순간을 날다』에 새끼가 알에서 깨어나는 순간 엄마 참매의 애틋한 모습을 아주 잘 묘사한 부분이 떠오른다. 상상만으로 가슴이 벅차오르고, 이 순간 엄마 아빠 까치가 느끼는 감정이 고스란히 전해져 온다.

오전 5시 30분, 수컷이 소리 없이 먹이를 물고 둥지 안으로 들어가더니 이내 아주 작은 똥을 받아 물고 나온다. 드디어 새끼가 알에서 부화했음을 알려주는 중요한 순간이다. '수컷 부리에 물려 있는 작은 똥'을 보려고 얼마나 학수고대했는가!

🕊 동트기 전, 아주 작은 똥을 물고 나오는 아빠 까치

똥을 물어다 멀리 버리고 또다시 둥지 주변을 서성거리다 날아간다. 아빠 까치도 설레고 감격스러워 다시 왔을 것이다. 아직 부화하지 않은 알이 있는지 암컷은 계속 둥지 안에 머물고 있다.

오전 5시 47분, 암컷은 여전히 둥지 안에 있고, 수컷이 먹이를 물고 왔다. 나무 아래에서 조용히 나뭇가지를 타고 사뿐사뿐 뛰어 올라오는 모습이 지금까지와는 180도 달라진 행동이다. 새끼가 깨어나기 시작했으니 부모 새의 본능일 것이다. 부리가 다물어지지 않을 정도로 먹이를 잔뜩 가져온 것을 보니 새끼들만의 먹이가 아닌 계속 알을 품고 있는 암컷을 위한 먹이일 수도 있겠다.

오전 6시, 어느새 아침 햇살이 들기 시작한다. 수컷은 30분 동안 먹이를 네 번이나 가져왔고, 여전히 암컷은 둥지 안에 있다. 알을 품는 동안에 수컷이 먹이를 가지고 오면 애교 섞인 소리로 반갑게 맞이했는데 지금은 숨죽인 듯 조용하다. 이곳 '스카이 캐슬'에 긴장감이 가득하다. 그토록 시끄러운 수컷도 얼마나 조용한지 아빠 까치의 어깨에 무게가 느껴지는 변화다.

오전 6시 30분, 수컷이 먹이 가져오는 방향을 달리하면서 바쁘게 둥지를 왔다 갔다 하는데 딱새 소리가 내 귀에 들려온다. 텃밭 울타리에 앉았다가 날아가는데 부리에 마른풀이 물려 있다.

나는 잠깐 한눈을 팔아 딱새 수컷이 날아가는 방향으로 눈길을 돌린다. 딱새가 농기구 보관함으로 쏙 들어간다. 나무로 만든 농기구 보관함이 눈비를 맞아 문이 틀어져 닫아도 틈이 생긴 지 오래다.

아, 딱새가 둥지를 트는구나! 짝을 만나지 못해 늦은 봄까지 외롭게 울던 딱새 수컷이 이제 둥지를 튼 것이다. 갑자기 가슴이 두근거린다. 한 곳에 오랜 시간 머물다 보니 굳이 찾아다니지 않아도 보고 싶은 장면들을 덤으로 볼 수 있는 작은 행복을 누리다니, 까치에게 더없이 고마운 마음이다.

한 시간 동안 수컷이 먹이를 여덟 번 물어 날랐다. 그러는 동안에 암컷은 두 시간이 넘도록 한 번도 둥지 밖을 나오지 않았다. 오늘은 암컷의 먹이와 새끼를 위한 먹이도 함께 물어 날라야 하는 수컷의 수고로움이 무척 컸을 것이다.

아빠 까치는
묵언수행 중

🐦 관찰 53일, 부화 2일

새끼는 깨어났지만, 주변은 더 조용하다. 얼마나 큰 변화가 일어나고 있는지 고요함만으로도 알 수 있다. 둥지 지을 때부터 알 낳을 때까지 수컷은 끊임없이 소리를 냈다. 둥지를 짓다가 힘이 들어도, 암컷이 보이지 않을 때도 늘 시끄럽게 울어서 '시끄러운 수컷 까치'라는 별명을 붙였다.

그러다 암컷이 알을 품고 있는 시기에는 조심조심 소리 없이 둥지를 오가며 많이 조용해졌다. 이와 반대로 포란 기간 동안 둥지 안에 있는 암컷은 수컷이 둥지 근처로 오는 것을 알아채면 반갑다고 마중하는 애교의 소리를 낸다. 그 소리가 둥지 밖으로 흘러나와 주변의 적막을 깨뜨리곤 했다.

새끼가 깨어난 지금은 적막감이 흐를 정도로 까치 부부가 너무 조용하다. 까치들의 일 년 중 새끼가 깨어난 지금이 가장 조용한 시기로 보인다.

오전 4시 40분, 아침을 열기 전 아직 어둠이 칠흑처럼 깔려 있다. 어둠 속에 서서히 드러나는 메타세쿼이아 실루엣과 검푸른 녹색 잎이 마치 고흐의 '사이프러스'를 떠올리게 한다.

오늘 아침은 가장 먼저 '쪼르르 비비비~ 비비' 하며 뱁새가 나를 반긴다. 연달아 참새, 쇠박새, 딱새, 박새 소리가 들리고 30여 분이 지나자 어둠에 잠겨 있던 둥지가 서서히 모습을 드러내기 시작한다.

오전 5시 28분, 근처에서 밤을 보낸 아빠 까치가 둥지로 날아온다. 얼마나 조심스럽게 둥지로 오는지 낮은 자세로 고개를 빼고 주변을 이리저리 살피며 긴장한 모습이 역력하다. 조용하게 와 둥지 안으로 쏙 들어가 똥을 물고 나온다. 수컷은 경계를 늦추지 않고 바로 먹이를 가지고 또 온다.

오전 5시 40분, 밤을 둥지에서 보낸 암컷이 어기적거리며 작은 똥을 물고 나와 동쪽으로 날아간다. 밤을 지새운 암컷은 새끼들 때문인지 둥지 밖을 나왔다 들어가는 시간이 채 8분도 되지 않는다.

새끼들이 어제와 오늘 갓 부화했기에 하루하루가 긴장의 나날이다. 둥지로 들어가는 암컷의 꽁지깃이 닳고, 해지고, 일그러져 있다. 알을 품은 23일 동안이 얼마나 힘든 시기였는지 충분히 알 수 있는 모습이다. 아빠 까치는 먹이를 주고 나오는 반면, 엄마 까치는 둥지 안에 계속 머문다.

먹이 활동 시간임을 알리듯 이 동네 저 동네 까치들의 소리가 들리기 시작한다. 그러나 늦깎이 까치 부부의 둥지는 쥐 죽은 듯 조용하다.

오전 6시, 수컷이 먹이를 물고 날갯짓 소리도 들리지 않을 정도로 조용히 들어갔다가 아주 작은 똥을 물고 나온다.

6시 12분, 수컷은 부리가 다물어지지 않을 만큼 먹이를 담고서 둥지 안으로 들어가 먹이를 주고는 이내 날아간다. 30분 뒤에 둥지 밖으로 나온 암컷은 천천히, 조용조용 주변을 살피다가 3분도 채 되지 않았는데 다시 들어간다.

오전 6시 30분, 해가 떠오르니 둥지가 서서히 모습을 드러낸다. 고요가 흐른다. 까치의 스카이 캐슬은 오롯이 새끼들을 키우는 지금을 위한 곳이다. 둥지 안의 소리도, 수컷이 둥지로 오는 소리도 전혀 들리지 않는다. 단지 나뭇가지가 출렁거리면, 새끼들을 위해 마음이 바쁜 아빠 까치가 온 것을 알 수 있을 뿐이다. 아빠 까치는 살며시 그리고 쏜살같이 둥지를 드나들기에 한눈을 팔면 놓치기 일쑤다.

고요만이 흐르는 둥지 안에서는 어떤 일이 일어나고 있을까? 지켜보는 나는 느낄 수가 있다. 눈도 뜨지 못하는 벌거숭이 새끼들이 아빠 까치가 먹이를 가지고 오면 본능적으로 고개를 빳빳이 들고 받아먹을 것이고, 엄마 까치는 사랑이 넘쳐나게 새끼들을 품을 것이다.

오전 8시, 둥지 안에서 암컷이 움직이는 모습이 보인다. 8시를 알리는 국민체조 구령 소리가 들려오고 수컷이 둥지로 날아온다. 첨단 도시에 어울릴 것 같지 않은 국민체조 구령 소리가 아침 8시만 되면 하루도 빠짐없이 울려 퍼진다. 국민체조와 어린 시절을 함께한 내 몸은 그 구령 소리에 자연스럽게 반응한다. 어릴 적 추억을 떠올리는 그 소리는 혼자만의 싸움을 이겨낼 수 있게 하는 청량제 같다. 암컷이 75분 만에 둥지 밖으로 나온다.

오후 5시 20분부터 7시, 날씨가 좋아 공원에는 나들이에 나선 가족들로 북적거린다. 앞으로 둥지에서 나올 까치 새끼들을 떠올리니 아이들의 해맑은 모습이 더 사랑스럽게 다가온다. 몇 마리인지 알 수 없지만 오전과 달리 암컷도 바삐 먹이를 물어 나르는 모습에서 새끼들이 모두 부화했음을 짐작한다.

암컷은 먹이를 주고도 둥지에서 바로 나오지 않고 몇 분 동안 새끼들을 살핀 뒤에 나온다. 수컷은 여전히 조용하게 날아와 먹이를 주고, 똥을 내다 버리고, 주변 살피는 일을 게을리하지 않는다.

오후 7시 5분, 아빠 까치의 마지막 먹이다. 먹이를 주고 둥지 밖으로 나와 입구에 잠시 머문 모습에서 새끼들에 대한 애틋한 마음이 묻어난다. 엄마 까치는 30여 분 동안 여유 있게 먹이 활동을 하고 오후 7시 30분에 둥지로 온다. 그리고 새끼 똥을 버린 뒤 둥지 안으로 들어간다. 엄마 까치는 새끼가 부화해도 둥지 안에서 밤을 보낸다.

어둠을 머금어 검푸른 녹색으로 물든 나뭇잎은 둥지를 고요히 감싸고, 둥지 안에서 엄마 까치는 새끼들을 포근히 감싸 안으며 밤을 보낼 것이다. 이제 주변이 캄캄해졌다.

🐾 새벽 어둠이 걷히며 둥지가 모습을 드러내고 해가 들기 시작하자 둥지가 황홀한 모습으로 다가온다.

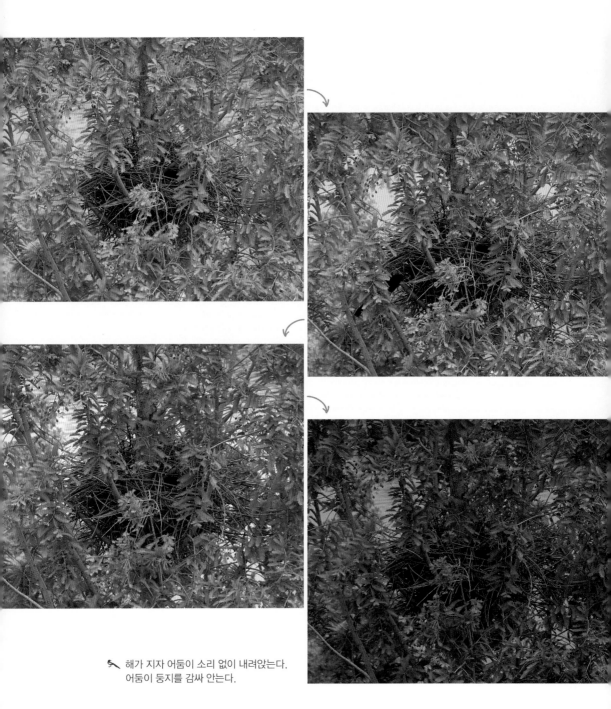

🔍 해가 지자 어둠이 소리 없이 내려앉는다.
어둠이 둥지를 감싸 안는다.

오늘 오전에 암컷은 먹이를 물어 나르지 않고 둥지 안에서만 머물렀다. 먹이는 온전히 수컷이 물어다 나른다. 둥지 안에 머물고 있는 암컷의 배고픔도 수컷이 달래준다.

오후가 되니 알에서 새끼가 모두 부화했는지 상황이 달라졌다. 암컷도 부지런히 먹이를 물고 둥지를 들락거린다. 수컷은 둥지 안으로 들어가 먹이만 주고 바로 나오는 반면, 암컷은 먹이를 주고 둥지 안에서 새끼들과 머물다 나왔다. 둥지 안에 새끼들이 몇 마리나 올망졸망 있을까? 보고 싶다.

엄마 까치는 언제까지
둥지 안에서
밤을 보낼까?

　　일곱 번째 절기 입하에 만발한 아까시나무 꽃향기가 바람에 실려 날아다닌다. 어느 바람결이 그 향기를 내가 있는 곳까지 데려와 가득 안겨 주고 사라진다. 지금 이곳이 나의 행복 1번지라 해도 아까시나무 꽃향기가 실려 오니 마음이 설렌다. 바람결 따라 어디론가 떠나야 할 것처럼 마음이 일렁거린다. 잠시 향기에 취해 마음을 풀어헤치고 눈을 감고 여행에 나선다.

　🕊 관찰 61일, 부화 10일

　　아침 바람을 가르며 화랑공원으로 달린다. 서두른다고 했는데 오전 6시가 다 되었다. 공원의 아침 공기가 좀 싸하다. 이웃집(1구역) 까치 부부의 경계 소리가 끊임없이 울려 퍼진다.

'왜 이리 긴장감이 흐르는 분위기일까?' 갸우뚱거리며 주변을 살펴보는데 이웃집 까치 새끼가 둥지에서 나오고 있다. 며칠 전부터 새끼들이 둥지를 들락거리더니 마침내 오늘이 둥지에서 떠나는(이소) 날인가 보다. 두 마리는 벌써 둥지에서 나와 밤나무에 앉아 있고, 다른 새끼들은 아직 둥지에서 나오지 못하고 있다.

까치 부모의 마음이 얼마나 애가 탈까? 늦깎이 까치 부부(2구역)를 제외한 거의 이맘때 주변 까치 부부들의 새끼들이 둥지를 떠나는 탓에 이른 아침부터 경계의 소리가 공원 가득 쩌렁쩌렁하다.

오전 6시부터 7시 40분 동안 늦깎이 까치 부부는 먹이를 열일곱 번, 똥을 열 번 물어다 날랐다. 새끼들이 배설한 똥은 바로 받아서 나가지만, 미처 받지 못한 똥이 바닥에 떨어져 지푸라기가 묻은 상태로 물고 나가는 횟수도 늘어난다. 여전히 엄마 까치는 새끼들에게 먹이를 주고 둥지 안에 15분 넘게 머물다 날아간다.

먹이가 부리 밖으로 드러날 만큼 많이 가져오는데 어떤 먹이인지 구별하기 힘들다. 먹이를 부리에 물고 오는 경우와는 좀 다르다. 까치는 날아다니는 곤충을 잡는 것보다 주로 바닥에서 먹이를 구한다. 심지어 애벌레를 잡아도 통째로 물고 가지 않고 한쪽 발로 애벌레를 누르고 물어뜯어 부리에 담아 간다. 나는 의외의 이 장면이 신기하고 놀랍다.

관찰 62일, 부화 11일

아직도 암컷이 둥지 안에서 새끼들과 밤을 보내는지 궁금하여 오전 4시 30분에 집을 나서서 새벽길을 달린다. 밤새도록 어둠을 삼키며 불을 밝혔는지 저 멀리 도심의 불빛이 아른거린다. 어둠 속에서 바람에 흔들리는 메타세쿼이아 잎은 신비스럽고 영험이 깃든 모습으로 일렁인다. 오전 5시가 되니 둥지 근처에서 밤을 보낸 수컷의 소리가 들린다. 수컷 신호에 반응하여 암컷이 밤새 웅크린 몸을 일으켜 둥지 밖으로 나온다. 부리에 똥이 물려 있다.

아침을 여는 다양한 소리가 공원에 울려 퍼지기 시작한다. 이런 자연의 현상과 행동들은 새끼들이 둥지를 떠난 부모 새들에게는 예민하고 긴장되는 하루를 여는 시간이기도 하다. 이웃집 까치는 새끼들이 갈참나무에서 밤을 보냈는지 까치 부부가 갈참나무 주변으로 먹이를 물어다 나른다. 신경을 바짝 곤두세운 모습이 눈에 들어온다.

오전 5시 20분, 수컷이 새끼들을 위한 첫 먹이를 잔뜩 물고 둥지 안으로 들어간다. 그 후로 쉼 없이 먹이를 물어 나른다. 이제 까치 부부는 둥지 안으로 들어가지 않고 둥지 입구에서 몸을 숙여 먹이를 준다. 새끼들이 몸을 가누고 먹이를 받아먹을 만큼 자란 모양이다. 물고 나온 똥이 제법 큰 것을 보니 새끼들이 자라는 모습이 그려진다. 100분 동안 까치 부부는 먹이를 스물두 번을 주고, 똥은 열네 번을 치웠다. 5분마다 한 번꼴로 먹이를 물고 온 셈이다.

🪶 관찰 66일, 부화 15일

여덟 번째 절기 소만에 이르니 메타세쿼이아 잎이 활짝 펴서 나무를 뒤덮고, 색깔도 점점 더 짙어져 녹음을 이루는 시기가 다가옴을 알린다. 자연은 조화로울 때가 가장 아름다운 것 같다. 햇살과 살랑거리는 바람이 최고의 나뭇잎 색을 만든다.

과연 지난밤에도 암컷이 둥지에서 밤을 보냈을까 궁금하여 새벽 4시 30분에 까치 동네로 왔다. 여명이 트기 전이라 새소리도 잠잠하다. 가장 먼저 직박구리 소리 그리고 딱새 소리가 나를 반긴다. 5시가 넘으니 뱁새 소리도 들려온다. 메타세쿼이아에서 밤을 보낸 수컷 참새 한 마리가 지저귀기 시작하자 곳곳에서 '즈릅 즈릅 즈릅' '조잘조잘' 한다. 참새 소리가 여기저기서 들려오니 비로소 공원이 살아 있다는 것을 느낀다.

바로 근처에서 까치 소리가 나더니 오전 5시 20분쯤 암컷이 먼저 둥지로 오고 이어서 수컷도 둥지로 날아온다. 아, 이제 암컷이 둥지 안에서 나오지 않고 밖에서 안으로 들어가는구나! 부화 13일째까지 관찰할 때 암컷이 둥지에서 밤을 지새우고 수컷의 인사를 받으며 둥지 밖으로 나왔다. 적어도 2주일 동안 암컷이 둥지 안에서 새끼들과 밤을 보낸 셈이니, 상당히 긴 날들이다.

오전 6시가 지나자 서양측백나무에서 이소한 새끼들과 함께 오목눈이 가족이 줄줄이 나타나 대이동을 한다. 어미 새를 따라 새끼들이 나무 사이를 요리조리 날아다니며 먹이 찾는 훈련을 하고 있다. 새들의 삶을 엿보는 재미가 새벽의 고단함을 잊게 한다.

🐦 죽은 나뭇가지에서 잠시 쉬고 있는 어미 까치. 24일 동안 둥지 안에서 알을 품고
  지금도 여전히 둥지 안에 머무는 시간이 길다. 꽁지깃에서 고단함이 고스란히 느껴진다.

오전 7시 10분, 까치 암컷이 둥지 안에 들어갔다가 나오는데 새끼의 찍
~ 하는 소리가 바깥으로 새어 나온다. 다시 암컷이 먹이를 물고 둥지 안
으로 들어갈 때도 새끼들의 소리가 바깥까지 들린다. 어미는 둥지 안으
로 들어가지 않고 몸을 숙여 먹이를 준 뒤 둥지 안으로 들어가 똥을 받
아 나온다.

부화 후 얼마 지나지 않은 벌거숭이 새끼 때는 '즈르르르르 스르르르'
하는 묘한 소리가 아득히 들려왔는데, 어느덧 '찍~~' 하는 소리가 둥지
밖으로 거침없이 새어 나온다. 새끼들이 폭풍 성장하는 소리다.

오전 8시가 되니 수컷이 둥지 안으로 머리를 살짝 넣어 먹이를 주고,
똥도 둥지 밖에서 바로 받아 날아간다.

오전 두 시간 동안 까치 부부는 함께 스무 번의 먹이를 물어 나르느라
바쁜 시간을 보낸다.

새끼 까치들의
폭풍 성장기

🐦 관찰 67일, 부화 16일

새벽 5시, 아직 어둠이 깔려 있는 시간이다. 오늘은 누가 나를 가장 먼저 반겨줄까, 설렘으로 공원에 들어선다. 적막을 깨뜨리는 직박구리 소리에 마음이 편안해진다. 공원의 주인으로서 당신이 들어오는 것을 환영한다는 듯이 반갑게 맞아주니 기분이 우쭐하다.

부모 까치의 하루는 새끼들에게 밤새 별일 없었는지 둥지로 날아와 확인하고 청결을 위해 똥을 물고 나오면서 시작된다. 그다음 배고픈 새끼들에게 먹이를 준다.

오전 5시 5분에 아빠 까치가 둥지로 첫 방문을 한다. 둥지 안을 살짝 들여다보고 안으로 들어간다. 새끼들을 살펴보고 작은 똥을 받아 물고 나온다. 곧바로 엄마 까치도 둥지 안으로 들어간다. 특히 엄마 까치는 새끼들과 밤을 따로 보내니 마음이 온통 새끼들에게 쏠려 있을 것이다. 얼마나 걱정이 되는지 서둘러 들어가는 모습이 역력하다. 새끼들이 잘 있는 모습을 확인하고 둥지 안의 청결을 위하여 똥을 물고 나온다.

오전 5시 20분이 지나면서 새끼 까치들이 배고프다는 소리에 엄마 아빠 까치 모두 정신없이 바빠진다. 둥지 안으로 들고날 때마다 새끼들의 밥 달라고 조르는 소리에 부모의 날갯짓은 더 활기차게 움직인다.

나뭇잎이 무성하게 자라 둥지를 거의 가려주니 까치 부부의 마음이 든든하겠지만, 바람 한 점 없는 오늘 같은 날에는 둥지 입구가 거의 드러나지 않아 나는 애가 탄다.

오전 7시 13분, 엄마 까치가 둥지로 들어가자 배고프다고 조르는 새끼들의 소리가 쩌렁쩌렁하게 들린다. 먹이를 준 엄마 까치는 곧바로 둥지에서 나오지 않고 10여 분 정도 새끼들과 함께 시간을 보낸다. 암컷이 둥지 안에서 새끼들과 밤을 보내지 않으니 낮에도 그럴 거라는 생각은 잘못된 판단이었다.

오전 8시 50분쯤 드디어 둥지 입구에서 새끼 까치 한 마리가 살짝 보이기 시작한다. 본능적으로 밝은 쪽으로 고개를 내민다. 아직 둥지 밖에서 머리 전체가 보일 만큼은 아니고 부리만 보이는 정도다. 오전 9시가 지나자 허기진 배를 채웠는지 새끼 까치들의 보채는 소리가 잠잠해진다.

관찰 68일, 부화 17일

새끼 까치들의 반응이 격렬하다. 이제는 까치 부부가 둥지 입구에서 바로 먹이를 준다. 부모 까치는 참새가 둥지 위로 날며 지나가도 격하게 반응하며 쫓아낸다. 새끼들이 둥지 밖으로 조금씩 모습을 드러내기 시작하자 아주 예민해진 것이다.

새끼들은 먹이를 가져오는 부모 까치 소리를 알아듣는다. 먹이를 가지고 오는 엄마 까치의 소리에 요동을 치고, 둥지 안에 엄마 까치가 있어도 먹이를 가져오는 아빠 까치의 소리가 들리면 보채는 소리가 요란하다.

이제 새끼들은 '찍~' 하는 소리가 아닌 '갸~악 갸갸갸갸각', 부모 새와 비슷한 소리를 낸다. 그 소리도 다양해 글로는 표현하기 어려울 정도로 새끼 까치들의 성장이 빠르다는 것을 실감한다.

오후 5시 40분, 호기심 많은 새끼 한 마리가 머리를 둥지 밖으로 쑥 내밀 용기는 없는지 부리만 내밀고는 입구에 턱을 받치고 지는 노을을 바라본다. 둥지 밖의 세상이 얼마나 궁금할까? 고개를 내민 모습이 영락없는 새끼 까치다.

오후 5시가 넘어 아빠 까치가 먹이를 가지고 오니 입구에서 세 마리 모두 입을 쩍 벌리며 서로 먹이 달라고 보챈다. 한 번씩 받아먹고도 양이 차지 않은지 새끼 까치 세 마리가 입을 계속 쩍쩍 벌린다. 새끼들에게 한두 번 더 먹이를 먹인 뒤로 부모 까치는 오지 않는다. 새끼 한 마리가 둥지 밖으로 고개를 내밀고 기웃거리면서 안으로 들어가지 않는다.

🔍 둥지 입구로 고개를 내민 모습이 영락없는 새끼 까치다.

오후 7시 30분이 지나니 공원도 조용해지기 시작한다. 사람들의 발길이 뜸해지고 까치들의 소리는 조금 분주하는 듯하다가 잠잠해진다. 바람이 소리 없이 잦아드니 온종일 일렁거리던 나뭇잎도 잠잠해져 간다.

둥지 근처로 직박구리가 소리 없이 지나가자 입구에서 고개를 내밀고 있던 새끼 까치 한 마리가 반사적으로 고개를 꼿꼿이 들고 입을 쩍 벌린다. 새끼는 계속 꼼지락거리며 엄마 아빠를 기다리는 모양새다.

오후 8시가 되어 가니 어둠이 본격적으로 내린다. 어느새 새끼 까치들도 모두 둥지 안으로 들어갔다. 공원 한쪽에 퇴근길 직장인들의 동아리 모임이 있나 보다. 둥그렇게 둘러앉아 '고래사냥' 노래를 신나게 부르면서 흥을 띄운다. 갑자기 어디론가 떠나야 할 것 같은 분위기에 마음이 흔들린다. 그래, 나도 집으로 가자!

🐦 관찰 69일, 부화 18일

주말이라 마실 나온 가족들로 공원이 북적거리며 시끌시끌하다. 공원에 울려 퍼지는 아이들의 웃음소리는 으뜸 행복 바이러스다.

아빠 까치가 둥지로 오니 새끼 까치들의 반응이 어제보다 훨씬 더 격렬하다. 새끼들의 반응에 아빠 까치는 둥지로 겨우 비집고 들어가 똥을 받아 나온다. 곧이어 엄마 까치도 먹이를 먹이고 둥지 안으로 들어가 잠깐 머물다가 똥을 받아 물고 나온다.

바람이 많이 분다. 옥상에 나들이 나온 가족들의 정겨운 소리가 일렁이는 메타세쿼이아 잎에 흘러들어가 아름다운 노래 한 소절처럼 들린다.

부모 까치가 먹이를 가지고 오면 새끼 까치들은 달려들 듯 받아먹고도 생떼 부리는 아이처럼 먹이를 더 달라고 보챈다. 이제 부모 까치는 거의 입구에서만 먹이를 준다. 시간이 지날수록 새끼들이 점점 둥지 밖으로 몸을 내밀기 시작한다.

↖ 먹이 달라고 입을 쩍 벌리며 격렬하게 반응하는 새끼 까치

옥상 정원에도 아이들의 발길이 끊이질 않는다. 카메라가 신기해서 달려드는 아이에게 엄마는 "이것은 만지면 안 되는 물건"이라며 조곤조곤 설명한다. 아이는 마지못해 고개를 끄덕이면서도 입은 삐죽 나와 있다. 아이는 엄마의 설명을 받아들이기보다 자기 의지대로 만져보고 싶은 마음이 더 큰 것이다.

새끼 까치들도 난리다. 먹이를 가지고 엄마 까치가 올 시간이 지났는데, 나타나지 않는 것에 대한 반응이다. 폭풍 성장하는 새끼들이 그 배고픔을 어찌 감당하겠는가?

잠시 후 아빠 까치가 둥지에 미처 닿기도 전에 새끼 까치가 입을 쩍쩍 벌리고 빼앗듯이 받아먹는다.

옥상으로 나들이 나온 어르신 부부가 정원이 아름답다고 인사를 건넨다. 오히려 내가 고맙다. 장미꽃 한 송이에 감격하고, 공원 전경을 바라보며 아름다운 풍경에 감탄사를 연발하신다.

나는 날마다 옥상 구석구석에서 다양한 생명을 만난다. 저마다 개성을 뽐내며 처한 환경에 걸맞게 살아내는 생명에 빠져 지내고 있다. 이 세상 예쁘지 않은 구석이 없다. 오랫동안 늘 가까이한 보람이 그런 것을 알게 해준다.

"가까이 그리고 오래 보아야 사랑스럽다"는 시구가 세월이 흘러도 명언임을 다시 한번 깨닫게 해주는 봄날의 풍경이다.

오후 4시 12분, 엄마 까치가 살며시 나무 아래에서 올라오는데 그 조용하던 둥지에서 엄마 마중이 폭발적이다. 옥상에서 노는 아이들처럼 엄마 까치에게 조르는 새끼 까치들 소리에 아이들의 소리가 묻힐 정도다.

20분 후 아빠 까치가 오니 새끼 까치들이 입을 쩍~ 벌리고 둥지 바깥으로 몸을 내밀며 먹이를 먼저 받아먹으려고 기를 쓴다. 아빠 까치는 입을 벌리고 달려드는 새끼를 밀치고 밀려난 새끼에게 먹이를 주려고 한다. 이를 눈치채고 밀려난 새끼가 얼른 입을 벌려 아빠 까치의 먹이를 받아먹는다. 엄마 까치는 먹이 쟁탈전에서 밀려난 새끼에게 먹이를 챙겨준다.

이제 새끼 까치들은 먹이도 얌전히 받아먹지 않는다. 먹이를 금방 먹고도 입을 쩍 벌리며 날아가는 엄마 아빠 까치에게 계속 찍찍대며 보챈다.

🏹 부모 까치의 고단한 날갯짓

엄마 아빠 까치는 거침없이 달려드는 새끼에게 먹이를 주고는 똥을 받아
내려고 새끼들을 뚫고 둥지 안으로 들어가야 할 형편이다. 둥지 안으로
들어갔다 나온 부모 까치에게 하루의 고단함이 묻어난다. 지켜보는 내가
다 고단하다.

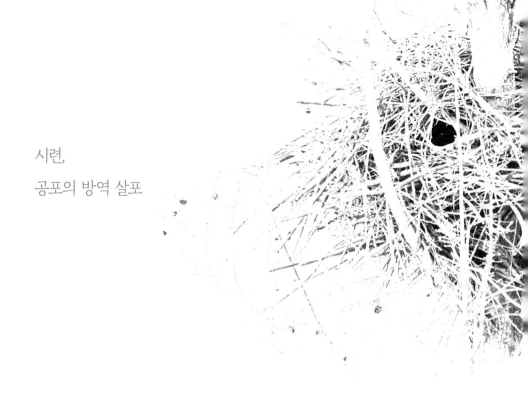

시련,

공포의 방역 살포

🐦 관찰 70일, 부화 19일

월요일은 판교환경생태학습원의 정기 휴일이라 고요한 옥상 정원은 오로지 나와 새를 위한 공간이 된다.

오전 5시, 쉼터 꼭대기에 앉은 딱새가 나를 가장 먼저 맞이해준다. 농기구 보관함에 둥지를 튼 딱새도 나처럼 월요일이 가장 평온한 하루일 것이다.

동네 부모 까치들의 소리가 바쁜 하루를 알린다. 고단함이 묻어나는 소리가 아닌, 새끼들을 잘 키우겠다는 활기찬 소리로 아침을 연다.

오전 5시 20분, 아빠 까치가 둥지 위에서 꼼꼼히 둥지를 점검하며 새끼들에게 '아빠 왔다'는 신호를 보내고 둥지 안으로 들어간다. 오늘은 아빠 까치가 둥지에 먼저 도착해 새끼 까치들에게 밤새 별일 없었는지 챙긴다. 새끼들은 아직 잠에서 깨어나지 않았는지 소리가 밖으로 새어 나오지 않는다.

오전 5시 40분경, 엄마 아빠 까치가 먹이 구하러 간 사이에 박새 가족이 까치 둥지 주변을 조잘대면서 요리조리 대범하게 누비고 다닌다. 생존을 위한 훈련을 배우고 익히는 중이다. 보고 있는 나의 입가에 흐뭇한 미소가 절로 감돈다. 5분여 동안이나 까치 둥지 근처를 이리저리 누비다 날아간다.

호기심 많은 어린 새 한 마리가 날아갈 생각은 않고 혼자 여기저기 기웃거리다 뒤늦게 후다닥 가족을 따라 날아간다. 귀여운 청개구리 행동을 하는 어린 새는 꼭 한 마리씩 있다.

🪶 어린 박새들이 까치 둥지에서 겁도 없이 놀다 간다.
까치 둥지가 너무 커서 박새가 어디 있는지 숨은그림찾기다.

오전 6시쯤 까치 부부가 거의 동시에 먹이를 물고 둥지로 와서 새끼들에게 먹이를 먹이고, 몇 초 간격으로 똥을 물고 나온다. 이제 부모 까치는 입구에서 먹이를 먹이자마자 곧바로 날아간다. 부모 새의 바쁜 하루를 알리는 신호탄이다. 둥지 안에는 새끼들의 날갯짓하는 소리가 새어 나오고 모습도 살짝살짝 보인다.

오전 7시가 채 되지 않은 시각, 독한 냄새가 코를 찌르며 공원에 긴장감이 도는 소리가 들려온다. 이 시기가 되면 곤충을 박멸시켜야만 하는 사람들과 방역차가 등장한다. 공원에 사람들이 없는 새벽을 틈타 많은 약을 살포한다는 것은 익히 알고 있었지만, 막상 그 모습을 보니 가슴이 철렁 내려앉는다.

농약을 살포하는 모습을 보니, 막연하게 생각했던 것보다 훨씬 더 심각한 현실에 놀란다. 참새 아파트 근처 소나무에 살포한 살충제가 나무줄기를 타고 줄줄 흘러내릴 만큼 퍼붓는다. 곧이어 참새 아파트에 대고 흘러내릴 정도의 약을 뿌리며 지나가는 모습에 나는 기가 막혀 할 말을 잃는다. 놀란 참새들이 둥지 밖으로 우르르 몰려나와 우왕좌왕하며 온통 살충제로 범벅이 된 주변 나무에 앉아서 울어댄다. 그러나 누구 하나 편을 들어줄 아군이 없다. 참새 아파트에는 적어도 참새 20쌍 정도가 번식하는데 분명 가슴 아픈 일이 벌어질 것이 눈에 선하게 보인다.

까치들도 '까깍 까깍 까깍' 하며 난리를 치지만, 농약 살포 차량의 굉음에 까치와 참새의 비명 소리는 허공을 맴돌다 이내 사라지고 만다.

이 시기에 방역 작업을 하는 이유를 너무 잘 알지만, 그리고 어떤 답이

🔍 참새 아파트

돌아올지도 너무나 잘 알지만, 속상하고 화가 나 왜 하필이면 이 시기에 해야 하느냐고 따지듯 묻는다.

"그러게요, 저희도 공원에 벌레가 많아 산책하기 힘들다는 민원과 공무 태만이라는 민원으로 몸살을 앓아요"라고 한다.

그렇다. 이 시기에는 곤충들이 창궐하니 때를 놓치면 공원에 문제가 생기는 것임에는 틀림없다. 하지만 텃새와 여름철새는 이 시기에 새끼들을 키우거나, 둥지에서 나온 새끼들이 생존 훈련을 한다. 아이러니하게 새들도 이 시기가 아니면 먹이 구하기가 힘들다는 것을 알기에 때에 순응하는 생존 방식으로 진화해 왔을 것이다.

자연의 이치를 거스르는 인간의 편리성이 생태계의 균형을 무너뜨릴 수도 있다는 생각에 오늘 아침은 슬프다. 공원에 깃들여 사는 새들은 일생 일대의 가장 큰 시련을 눈앞에 두고 있다. 새끼들을 키우기 위한 먹이 공급이 원활하지 못할 뿐만 아니라 오염된 먹이를 공급할 것이 분명한데, 이 어처구니없는 상황을 보고만 있어야 하는 나 또한 마음의 시련이다.

속상한 마음이 가시지 않아 억지 부리듯 내가 또 묻는다.

"이렇게 농약을 많이 치면 어떻게 해요?"

답이 돌아온다. "저농약입니다."

나는 그 말에 기가 막혔다. 모든 것이 인간 위주였다. 나의 물음에는 아랑곳하지 않고 살충제는 무자비하게 살포되고 있다. 이른 아침의 쓸쓸한 풍경이다.

나는 우울한 기분과 무거운 마음으로 아침을 보낸다. 오전 8시를 알리는 국민체조 구령 소리도 오늘은 신나게 들리지 않는다. 그 소리와 함께 아빠 까치가 먹이를 물고 둥지로 온다. 국민체조 시간이 5분가량인데 그 순간에 아빠 까치는 두 번이나 먹이를 주고 간다.

우울함을 달래려고 방역차가 지나가지 않은 곳으로 산책하러 나선다. 어미와 어린 참새가 공원 8호 다리 밑으로 포르르 날아간다. 나는 잠시 숨어서 내려다본다. 어린 참새가 어미 따라 목욕을 시원하게 하고 있다. 그 모습에 우울한 기분이 싹 사라진다.

'엄마, 목욕 요렇게 하면 되는 거야?'

'우리 아기, 혼자서 목욕도 잘하네.'

오전 8시 20분쯤 먹이를 받아먹은 새끼 까치 한 마리가 둥지 안으로 들어가지 않고 고개를 내밀고 있다. 부리로 둥지 입구의 나뭇가지를 콕콕 쪼기도 하고 나뭇잎도 건드려 보며 바깥세상을 탐색 중이다.

부모 까치는 먹이 활동으로 정신없이 바빠도 자기 영역에서만 먹이를 찾는다. 서로의 영역을 존중하고 신경 건드리는 일은 하지 않는다. 그러나 영역의 경계가 모호한 곳에서 먹이 활동을 할 때는 아주 예민해진다. 서로 꽁지깃을 치켜세우고 '까깍 까깍' 하며 한 치의 양보도 없는 싸움으로 전쟁터를 방불케 한다.

재미있는 사실은 그 영역에서 참새나 박새와 같은 다른 종의 새들은 자유롭게 공간을 공유하며 살아간다는 것이다.

새끼 까치,
세상과
처음 마주하다

밤사이 비가 조금이나마 내려 아침 공기가 상쾌하고, 딱 좋은 날씨다.

며칠 동안 공원에 방충 방역, 나무들의 가지치기, 풀 베는 작업 등으로 곳곳이 시끄럽고 어수선하다. 풀 베는 작업으로 이른 봄에 꽃을 피운 식물들의 씨앗들이 바닥으로 우수수 떨어져 있다.

비둘기는 쉼 없이 고개를 까딱이며 '구구 구구 구구구' 소리를 내면서 정신없이 먹이 활동을 한다. 가랑비를 맞으며 박새는 며칠 전보다 더 똘똘해진 새끼들을 데리고 다니면서 훈련 중이다. 새끼에게 먹이를 주려고 둥지를 들락거리는 까치 부부도 변함없는 하루를 시작한다.

관찰 72일, 부화 21일

아빠 까치가 먹이를 주고 날아간 뒤 4분 후, 오전 5시 48분에 둥지 안에서 새끼 한 마리가 용감하게 둥지 밖으로 몸을 반쯤 드러낸다. 그러다가 조금 망설이는 듯하더니 슬금슬금 둥지 밖으로 나와 입구에 떡하니 앉아 있다.

나는 마음의 준비도 하지 않았는데, 새끼 까치가 불쑥 모습을 드러내는 바람에 얼마나 놀랍고 흥분이 되는지 가슴이 널을 뛴다.

새끼 까치는 날개를 파닥거리며 입구에서 이리저리 움직이며 호기심을 보인다. 그때 옥상 난간에 앉아 망을 보던 아빠 까치의 날카로운 소리에 짧은 순간 모습을 보여준 새끼 까치가 둥지 안으로 잽싸게 들어간다. 한 번 나왔다 들어간 새끼는 둥지 안에 있으라는 아빠 까치의 경고가 싫은지, 아예 입구에서 진을 치고 있다가 언제든지 바깥으로 나올 기세다. 새끼들은 둥지 입구에서 옹기종기 모여 있다가 엄마 아빠 까치가 먹이를 가지고 오면 잽싸게 부리를 내밀고 받아먹는다.

가랑비가 간간이 내리기 시작한다. 당장 나올 듯 기세당당하던 새끼 까치들은 둥지 밖으로 나올 생각을 하지 않는다. 그러다가 부화 21일인 오늘, 새끼는 세상 밖으로 온전히 자기 모습을 드러냈다.

오늘 새벽에 마주한 온전한 새끼 까치의 모습에 설레는 마음이 쉬 가라앉지 않는다. 으슬으슬 춥던 몸도 언제 그랬냐는 듯 후끈 달아오른다. 비를 피해 잠시 흥분된 마음을 가라앉힐 겸 달달한 믹스 커피로 마음을

🔖 삼엄하게 경계를 서는 부모 까치

달래며 행복을 만끽한다. 빗방울이 커피를 탄 컵 안으로 똑 떨어진다. 이런, 하필 그 자리가 비가 새는 곳이라니! 그래도 커피는 맛있다.

이제 부모 까치는 둥지 입구에서 고개를 숙이지 않고 먹이를 주고, 새끼 까치들은 입구까지 부리를 내밀고 빼앗듯이 받아먹는다. 먹어도 먹어도 배가 고픈지 더 달라고 떼를 쓴다. 아빠 까치는 먹이만 나르고, 엄마 까치는 가끔씩 새끼들을 비집고 둥지 안으로 들어가 함께 시간을 보낸다. 새끼들의 의사 표현이 강렬해지고, 부모 까치는 새끼들이 둥지 밖으로 모습을 조금씩 드러내면서부터 주변의 작은 움직임에도 아주 예민한 반응을 보인다.

　내가 가까이 다가가니 아주 근접 거리까지 날아와 난간을 부리로 친다.
이곳을 떠나라는 신호다. 난간이 쿵쿵거리며 긴장감을 불러일으킨다. 나
는 슬그머니 자리를 피한다. 그래도 한참을 옥상 난간에 앉아 날카롭게
경계하고는 나무로 날아가서도 예민하게 반응한다. 나무 꼭대기에 앉아
서 나무껍질을 부리로 거칠게 물어뜯으며 다시 한번 나에게 경고를 한다.
가까이에서 본 까치의 성난 모습은 두려움을 느낄 정도로 서늘하다.

　처음은 늘 두렵고 설렌다. 새들도 그런가 보다.
　아침에 둥지에서 조심스럽게 나와 잽싸게 들어가기를 몇 번 한다. 아주

＼ 부모 까치는 부리로 콕콕 둥지를 다지며 둥지 위를 다닌다.
첫째는 당당하게 모습을 드러내는 반면, 동생들은 둥지 입구에서 주저주저하며 망설인다.

잠깐씩 몇 번 들락날락거리며 바깥세상을 탐색하더니 어느새 둥지를 거의 나와 바깥에서 보내는 시간이 길어진다.

그러나 아직 동생들은 용기가 나지 않는지 자주 들락거리지 않는다. 셋째는 한 번 나왔다가 쏙 들어간 뒤로는 거의 나오지 않는다. 첫째와 차이가 꽤 많이 난다. 첫째는 오후가 되니 둥지에서 나와 여기저기 살피며 당당하게 행동한다. 부모 까치는 둥지 위를 여기저기 둘러보며 부리로 나뭇가지를 콕콕 다지고 또 다지며 새끼들의 안전을 위해 만전을 기한다.

아빠 까치의
조기교육

　　제법 시원한 기운이 감돈다. 어둠이 채 걷히기도 전, 어디선가 들려오는
꾀꼬리 소리에 피곤이 싹 가신다. 근처 신갈나무에 둥지를 튼 것 같다. 어
린 박새, 어린 곤줄박이도 자유롭게 먹이 활동을 하며 쪼르르 쪼르르 날
아다닌다. 동네 이웃한 까치들도 서로 인사를 나누며 하루를 연다.

🪶 관찰 73일, 부화 22일

　　오전 5시가 넘어서자 엄마 아빠 까치의 바쁜 하루가 변함없이 시작된
다. 둥지 안으로 들어가 새끼들의 안부를 확인하며 새끼들 배설물을 물어
다 버리고 둥지를 드나들며 먹이를 공급하느라 눈코 뜰 새 없이 바쁘다.

　　오전 6시쯤 아빠 까치가 긴 나뭇가지를 물고 둥지로 온다. 왜 갑자기

둥지로 나뭇가지를 가지고 올까? 궁금하지 않을 수 없다. 아빠 까치는 둥지 작업 이후 오랜만에 나뭇가지와 사투를 벌인 끝에 어렵게 나뭇가지를 둥지 안으로 집어넣는 데 성공한다.

새끼 까치들이 이구동성으로 "아빠 벌써 우리 공부해야 하는 거야?" 하며 투정 부리는 소리가 내게 들려오는 듯하다. 둥지 안으로 들어간 아빠 까치는 "아가들아, 이제 세상 밖으로 나갈 시간이 다가오는데 미리 나뭇가지를 탐구하고 나가면 도움이 될 것 같아서 아빠가 힘들게 가져온 거란다" 하며 달래고…….

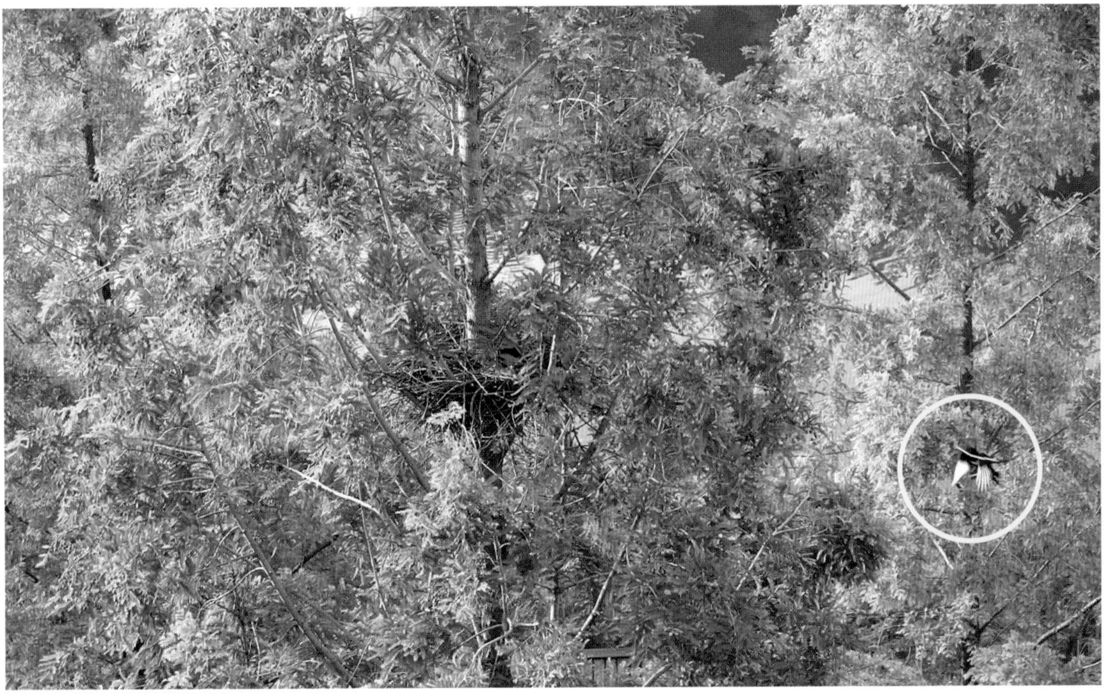

아빠 까치가 나뭇가지를 물고 둥지로 날아온다.

아빠 까치는 아마도 새끼들에게 나뭇가지가 우리의 숙명이라고 설득하고 나오는 것이리라. 아빠 까치가 나온 뒤 새끼들이 나뭇가지를 탐색하며 공부를 하는지 나뭇가지가 이리저리 움직이는 모습이 보인다. 이렇듯 새끼들은 자연스럽게 나뭇가지를 가지고 놀면서 친해질 것이다. 둥지를 떠나기 전 나뭇가지의 특징을 익히라는 아빠 까치의 조기교육 같다.

오전 7시 30분, 새끼 한 마리가 둥지 밖으로 몸을 반쯤 내밀다가 이내 들어가 나뭇가지를 가지고 논다. 오전 7시 50분쯤 부모 까치가 먹이를 가지고 둥지로 오더니 느닷없이 둥지 안으로 들어간다. 나는 엄마 까치가

🪶 아빠 까치의 조기교육. 아빠 까치가 가져다준 나뭇가지를 가지고 노는 새끼 까치

둥지로 들어가는 것이라 착각했지만, 나오는 모습을 보니 아빠 까치임이 틀림없다.

아빠 까치가 똥을 받아내려고 둥지 안으로 잠깐 들어가기는 하지만, 둥지 안에 들어가 몇 분을 머물다 나오는 모습은 처음이다. 아빠 까치의 이런 행동은 새끼들이 둥지에서 떠날 시기가 다가옴을 암시하는 것 같다. 10분 뒤 새끼 한 마리가 둥지 밖으로 몸을 거의 다 드러내다가 다시 들어간다.

오전 8시, 새끼 한 마리가 둥지 밖으로 몸을 내밀더니 자연스럽게 입구에서 날개를 파닥거리며 둥지 위로 순식간에 올라간다. 새끼가 1분 정도 바깥세상 바람을 맞은 뒤 둥지 안으로 들어가려는 순간, 새끼 발치에서 흔들거리는 나뭇가지가 바닥으로 떨어진다. 나는 새끼 까치가 바닥으로 떨어지는 줄 알고 가슴이 철렁했다.

아빠 까치가 다시 커다란 나뭇가지를 물고 둥지 위로 내려앉는다. 이번에는 둥지 안으로 넣지 않고 둥지를 보수하려는 듯, 둥지 위를 이리저리 다니며 나뭇가지를 놓을 마땅한 자리를 찾아 끼워 넣고 날아간다. 새끼들이 둥지 밖으로 나오기 시작하자 안전하게 나뭇가지를 밟고 바깥세상을 경험해 보라는 아빠 까치의 깊은 애정이 담긴 행동인 듯하다. 새끼들에게 나뭇가지 선물은 아빠 까치만 한다.

엄마 까치는 둥지 안에 들어가서 여전히 15분 이상 새끼들과 머문다. 그사이에 아빠 까치가 둥지로 먹이를 가지고 온다. 엄마 까치가 둥지 안에 있는데도 새끼 까치들의 조르는 소리가 엄청나다. 아빠 까치는 둥지 위에 잠시 앉아 있더니 '깍 깍 깍 깍 깍' 한다. 특별히 경고음처럼 들리지 않고, 다정한 소리로 들린다. 새끼가 깨어난 뒤 경고음 이외는 거의 소리를 내지 않았는데 이제는 세상 밖으로 나올 때가 되었다는 신호를 보내는 것 같다.

오전 8시 35분, 또다시 아빠 까치가 굵은 나뭇가지를 물고 둥지로 와서 작업을 한다. 새끼들이 둥지 밖을 나와서 좀 더 안전하게 다니게 하려는 아빠 까치의 깊은 뜻이 담긴 선물이다. 그렇게 아빠 까치가 작업하고 있는데 옆 나뭇가지에 직박구리가 잠시 내려앉자 아빠 까치는 조금의 망설임도 없이 쫓아버린다. 새끼들이 둥지를 나올 때가 되니 연신 민감한 반응들이 나타난다.

오전 8시 56분, 엄마 까치가 먹이를 주고 난 뒤에 다시 새끼 한 마리가 둥지 밖으로 날개를 퍼덕거리며 나왔다가 바로 둥지 안으로 들어간다. 또다시 아빠 엄마 까치가 연달아 먹이를 준다. 갑자기 이웃집(1구역) 까치가 영역 안으로 들어오자 부모 까치는 날카로운 경계의 소리를 내며 쫓아날아가 한참을 물러서지 않고 싸워 자기 영역에서 쫓아낸다. 끈질긴 영역 지키기다.

1구역의 어린 까치는 이소 2주일이 되어간다. 먹이를 달라고 움직이는 행동이 거침없고 날래다.

🔦 이소 2주일이 되어 가는 1구역 어린 까치들이 먹이 달라고 달려드는 행동이 거침없다.

새끼들의

첫 비행

🐦 관찰 74일, 부화 23일, 이소 1일

날씨가 화창하다. 나지막이 딱새 소리가 들려온다. 조금 있으니 암컷 딱새가 자그마한 먹이를 물고 나를 약간 경계하는 듯 머뭇거리더니 잽싸게 둥지로 들어간다.

어느새 날이 훤히 밝아오며 자연의 숨소리가 활기차게 들려온다. 엄마 까치가 둥지 근처에서 계속 신호를 보낸다. 새끼 까치들은 3일 전부터 둥지 바깥세상을 콧바람 쐬며 경험했으니 부모 까치는 날개를 활짝 펴고 세상에 맞서기를 바랄 것이다.

오전 6시 35분 조금 지나서 새끼 까치 한 마리가 둥지 밖으로 당당히 나온다. 첫째인가 보다. 날개를 두 번 퍼덕거리며 균형을 잡은 뒤 둥지 입구 위에 3분여 동안 얌전히 앉아 있다가 어제 아빠 까치가 나뭇가지로 작업한 곳까지 퍼덕거리며 간다. '참 잘했다'고 아빠 까치가 준 먹이를 먹은 뒤 입구 앞 나뭇가지에 얌전히 앉아 있다. 나뭇잎이 둥지 입구를 절묘하게 가려 천적으로부터 안전한 보호구역이다. 둘째도 둥지 밖으로 나와 날개를 쭉쭉 펴며 스트레칭을 하더니 바로 둥지 안으로 들어간다.

첫째는 편안하게 입구 나뭇가지에 앉아 부모의 먹이를 독차지한다. 혼자 먹이를 독차지하면서도 배가 고픈지 계속 입을 쩍쩍 벌리지만, 날개를 퍼덕거리며 근육 강화를 위해 날갯짓하는 모습이 아주 늠름하다. 엄마 까치가 곧바로 먹이를 가지고 오자 달려들 듯 보채는 첫째에게 먼저 주고 둥지 안에 있는 둘째와 셋째에게도 준다.

먹이를 받아먹은 첫째는 둥지 밖으로 길게 튀어나온 가지에 아슬아슬하게 앉거나 둥지 위를 넘나들며 용감하게 행동반경을 넓히며 움직이다가 피곤한지 둥지 안으로 들어간다.

오전 7시 14분, 첫째가 다시 둥지 밖으로 나온다. 양쪽 날갯죽지를 번갈아 쭉쭉 시원하게 펴는 모습이 아주 자연스럽다. 엄마 까치가 먹이를 가지고 오자 입구에 떡 버티던 첫째가 빼앗듯이 받아먹는다. 그 통에 둥지 안에 있는 동생들에게는 먹이 공급이 원활하지 않다.

엄마 까치가 먹이를 가지고 둥지로 오니 또 첫째가 달려든다. 엄마 까치는 첫째에게 몇 번 더 먹이를 몰아주고 난 뒤 첫째를 밀치고 간신히 둥지 안으로 들어가 동생들에게 준다. 거의 25분 동안 엄마 까치가 가져온 먹이를 첫째에게 몰아준 셈이다.

오전 7시 30분, 아빠 까치가 새끼 까치들에게 먹이를 주고 옆 나뭇가지로 옮겨 앉아 '까각 까각 까각 까각' 큰 소리로 신호를 보낸다. 엄마 까치도 세심히 주변을 살피며 한 바퀴 돌고는 먹이를 가지고 둥지로 온다. 단순히 먹이를 공급할 때와는 행동이 많이 다르다. 엄마 까치가 한참을 둥지 안에 머물 때도 첫째는 둥지 밖에서 머문다.

🖋 몇 번 둥지 밖을 들락날락하더니 자연스럽게 둥지 바깥에 앉아 있다.
둥지를 떠나기 전, 삼 형제가 모두 둥지 바깥에 나와 있는 모습이 늠름하다.

🪶 부모 까치는 영역의 경계선까지 날아다니며 긴장을 늦추지 않는다.

오전 7시 40분쯤, 첫째가 자유자재로 둥지 위에서 날갯짓하며 활발히 다니고, 형을 따라 행동하는 둘째도 둥지를 나오는 빈도가 늘어나기 시작한다. 그러나 셋째의 모습은 잘 보이지 않는다. 그만큼 세상에 맞서는 두려움이 커서일까?

엄마 아빠 까치는 이제 둥지로 곧장 날아오지 않고 영역의 경계선으로 자주 날아다니며 영역을 지키느라 사방을 살피며 바짝 긴장한다. 그런 다음 둥지 안으로 들어가 몇 분간 새끼들과 함께 있다가 날아간다. 부모의 행동으로 보아 오늘이나 내일쯤 새끼 까치들이 둥지를 떠날 것 같다.

엄마 까치가 둥지에 왔다간 뒤로 첫째가 용기 있게 날개를 퍼덕이며 둥지 입구 앞에 바깥 방향으로 길게 튀어나온 나뭇가지에 날 듯이 앉는다. 행동이 점점 과감해진다. 잠시 휘청거리긴 해도 날개를 퍼덕이며 짧은 꽁지를 위로 올렸다 내렸다 하면서 균형을 잘 잡는다.

나는 그 모습에 순간 아찔했다. 첫째는 둥지 위로 올라가 날개를 스물세 번이나 파닥거린다. 파닥거리며 날갯짓하는 그 모습이 날아야만 한다는 본능이 꿈틀대는 듯하다.

오전 8시 30분이 조금 지나서 첫째와 둘째 모두 입구에서 소리를 내자 드디어 셋째가 모습을 드러낸다. 첫째가 둥지로 들어가자 셋째는 잠시 고개를 돌려 여기저기 살피더니 뒤따라 둥지 안으로 쏙 들어간다.

둘째는 입구 앞에 튀어나온 나뭇가지에 앉아 있다가 아빠 까치가 오는 소리에 잽싸게 입을 쩍 벌리고 먹이를 받아먹는다. 그러고는 꽁지를 들고 똥을 싼다. 아빠 까치가 날아가고 셋째가 다시 둥지 밖으로 나오려다 주춤하더니 그냥 둥지 안으로 들어간다. 셋째는 겁이 많아 보인다.

둘째가 입구 여기저기를 다니며 호기심을 보이는데, 갑자기 옥상 난간에 앉아 있던 엄마 까치가 아주 다급하고 날카로운 경계의 소리로 '까각 까각 까각까각 까각까각 까각' 하자 둥지 안으로 황급히 쏙 들어간다.

엄마 까치가 위급한 상황이라고 낸 소리인지, 새끼들을 훈련시키려고 낸 소리인지는 알 수 없다. 새끼 까치들은 모두 엄마 까치의 소리가 아주 위험한 상황이라고 느꼈는지 30분 동안이나 둥지 안에서 꼼짝도 하지 않는다.

오전 9시 30분쯤, 엄마 까치가 새끼 까치들에게 먹이를 주고 둥지를 손질한다. 새끼들은 엄마 까치가 움직일 때마다 반사적으로 입을 쩍쩍 벌린다. 엄마 까치가 둥지 위를 다니며 새끼들의 안전을 위해서 부리로 나뭇가지를 콕콕 다지며 점검한다. 그 뒤를 첫째가 따라다니며 똑같이 행동한다.

엄마 까치는 둥지 바깥에서 4분 동안 있다가 둥지 안으로 들어간다. 첫

첫째는 둥지를 한 바퀴 돌면서 나뭇가지를 부리로
콕콕 찍어보며 엄마 까치의 행동을 그대로 따라 한다.

째는 엄마 까치가 했던 대로 둥지 위를 한 바퀴 돌고, 입구에서 잔 나뭇
가지를 가지고 놀다가 둥지 안으로 가지고 들어간다.

　새끼 까치들은 모두 다 둥지 안에 엄마 까치와 함께 있다. 10분 뒤 아
빠 까치가 먹이만 주고 날아가고, 여전히 엄마 까치는 둥지 안에 있다. 새
끼 한 마리가 다시 둥지 밖으로 나오고 엄마 까치는 20분을 둥지 안에서
보내다가 날아간다.

　엄마 까치가 새끼 까치들과 둥지 안에서 보내는 마지막 시간처럼 느껴
진다. 새끼들이 둥지에서 나오기 시작하면서부터 첫 비행 전까지 엄마 까
치와 함께 보내는 것에는 용기와 자신감을 북돋아주기 위한 정서가 담겨
있는 것 같다. 이제 새끼들은 둥지 안으로 자주 들락거리지 않는다.

오후 3시, 둥지 주변이 조용하다. 둥지를 들락거리며 나무 오르내리기 훈련을 열심히 하더니 세 마리 모두 둥지와 거리가 있는 중간 정도의 나뭇가지 사이에 몸을 숨기고 있다. 새끼들은 바람에 일렁거리는 나뭇가지에 몸을 맡기고 여유롭게 앉아 있다. 둥지에서 다 나온 상태라 새끼들 구별이 잘 되지 않는다. 그러나 행동하기 시작하자 차이가 나타나 첫째, 둘째, 셋째가 구별된다.

오후 5시, 나무 꼭대기에 새끼 세 마리가 모여 있다. 새끼들의 모습이 무성한 나뭇잎에 가려 잘 보이지 않는다. 부모 까치가 먹이를 가지고 오면 새끼 까치들이 나뭇잎 사이에서 나타나 서로 받아먹으려고 움직일 때

🐦 나무 꼭대기로 올라간 새끼 까치들이 부모 까치에게 먹이를 받아먹는다.

마다 가지가 휘청거린다. 새끼들은 날개를 퍼덕거리며 날 듯이 아래 나뭇가지로 내려왔다 다시 올라갔다 반복하며 훈련 중이다.

　　오후 6시가 넘어서자 용감한 새끼 까치 한 마리가 나뭇가지 밖으로 당당하게 몸을 드러낸다. 바람에 심하게 흔들려도 이리저리 두리번거리며 저물어가는 햇살을 받는 모습이 늠름하다. 행동으로 보아 첫째인 듯하다. 새끼들은 나뭇가지 위아래를 오르내리며 한참 동안 연습을 한다.

　　새끼 까치 세 마리가 노을을 바라보며 다정히 앉아 있는 모습이 결의에 차 있다. 삼 형제가 둥지 안에서 몸을 부대끼며 23일을 동고동락하면서 무럭무럭 잘 자랐다. 그동안 메타세쿼이아 열매도 주렁주렁 함께 자라 존재감을 보인다.

　　여전히 떨어지지 않은 지난해 갈색 열매와 올해 여물기 시작하는 초록 열매가 무척이나 조화롭다. 그러한 초록빛에 흑백의 색이 더해졌지만 새끼 까치들의 모습이 눈에 잘 띄지 않는 것이 무척 신비스러운 조화다.

　　새끼들은 날개를 쭉~, 다리도 쭉~ 시원하게 스트레칭을 하거나 피곤한지 가끔 꾸벅꾸벅 졸기도 하면서 세상의 바람을 맞이하고 있다.

　　조용히 혼자 앉아 있던 첫째가 동생들 틈으로 내려온다. 날개를 파닥거리며 떨어지지 않게 균형을 잡으면서 동생들과 돈독한 정을 나누고는 원래 자리로 돌아가 앉는다. 첫째는 몇 번 두리번거리며 자리를 잡은 뒤 부모 까치에게 신호를 보낸다. 엄마 아빠 까치가 옥상 난간에 앉아서 새끼들을 지켜주고 있음을 아는 것이다.

삼 형제가 모여 앉아 첫 비행을 위한 마음의 준비를 하고 있다.

어미가 '까깍' 하고 짧게 신호를 보낸다.

첫째는 조금씩 더 높이 올라가며 '찌~익 까각 가악'거리며 흔들거리는 나뭇가지에 몸을 맡긴다. 순간 용기를 내어 날개를 파닥거리며 서쪽에 있는 옆 메타세쿼이아로 첫 비행을 한다. 그 모습을 바라보는 내내 심장이 멎는 듯 마음이 조여든다.

엄마 아빠 까치의 경계 소리가 하늘을 찌르듯 강렬하게 울려 퍼진다. 해가 뉘엿뉘엿 넘어가 어둠이 내리는 공원에 날카로운 까치 소리가 파장을 일으키며 멀리멀리 퍼져 나간다. 부모 까치의 소리에 남은 새끼 두 마

🖎 첫째가 비행하는 순간 너무나 감격스러워 눈물과 박수가 절로 나온다.
둘째와 셋째가 응원을 보낸다. 우리 형아, 멋지다!

리가 순간 몸을 움찔하며 나무줄기 쪽으로 들어가더니 움직이지 않는다.

첫째가 무사히 옆 나무로 내려앉았다. 그제야 나는 긴장이 풀려 움켜
쥔 두 손을 놓는다. 마음속에는 뜨거운 눈물이 흐른다. **첫째의 첫 비행시
간은 오후 6시 29분이다.**

첫째가 첫 비행을 하자 움직이지 않던 둘째가 첫째가 있던 자리로 올라
간다. 몇 분 뒤, 셋째도 날개를 파닥거리며 둘째가 있던 자리로 이동한다.
바람에 흔들리는 나뭇가지에 몸을 맡긴 채 어둠이 점점 다가오고 있음을
느낄 것이다.

🦅 둘째와 셋째가 먼 곳을 응시하고 있다.

해가 지면서 메타세쿼이아 나뭇잎의 색깔도 검푸른 초록으로 바뀌어 간다. 바람이 점점 더 세게 불어오자 새끼 까치들은 균형을 잡으려고 꽁지를 위아래로 까딱거리며 버틴다.

부모 까치의 먹이 공급이 한동안 없다. 둘째와 셋째는 서로를 의지한 채 흔들리는 나뭇가지에 앉아서 무슨 생각을 할까? 이 드넓은 세상을 마주하기 위한 마음가짐을 다지는 걸까?

둘째가 날아오를 듯한 자세를 취한다. 금방이라도 날아오를 것 같은데, 쉽게 나뭇가지에서 발을 떼지 못한다. 한참을 날아오를 듯 말 듯 망설인다. **오후 7시 37분**, 둘째가 드디어 용기를 내어 날개를 활기차게 움직이더니 동쪽에 있는 옆 메타세쿼이아로 날아간다. 부모 까치의 경계 소리가 공원을 삼키듯 쩌렁쩌렁하게 울려 퍼신다. 우리 새끼들 아주 내건하나는 격려의 소리도 울려 퍼진다.

셋째는 오늘 비행을 하지 않으려나 보다. 어둠이 완전히 내려앉자 주변 도심의 불빛이 살아나기 시작한다. 혹시 셋째가 다시 둥지 안으로 들어가지 않을까 궁금하여 캄캄해질 때까지 지켜보았으나 나무 꼭대기 근처 나뭇가지에서 바람에 몸을 의지한 채 웅크리고 앉아 있다.

셋째는 두려움 속에서 혼자 밤을 보낸다. 그러나 엄마 아빠가 근처에서 지켜주고, 양쪽 옆 나무에서 첫째와 둘째가 응원을 보내준다는 것을 알기에 든든하게 밤을 보낼 것이다.

엄마 아빠 까치,
조바심의 시간

🍃 관찰 75일, 이소 2일

첫째와 둘째가 첫 비행을 한 다음 날 새벽, 공원에는 새끼 까치들의 보채는 소리로 꽉 차 있다. 새벽 5시부터 엄마 아빠 까치가 이리저리 날아다니며 새끼들을 확인하느라 분주하다. 이 나무 저 나무 분주히 다니면서 나뭇가지를 부리로 콕콕 찍으며 새끼들이 날아서 옮겨 앉을 자리임을 표시해 두는 것 같다.

셋째는 어제 그 자리에서 꼼짝하지 않고 밤을 보냈다. 바람에 흔들리는 나무에 몸을 의지한 채 먼 곳을 응시하며 꿋꿋하게 앉아 날이 밝기를 기다렸을 것이다.

오전 5시 48분, 엄마 까치는 셋째가 앉아 있는 나뭇가지로 날아와 따

🔍 새벽 5시, 둥지 위 나무에서 혼자 밤을 보낸 셋째의 모습이다. 장하다!

뜻한 아침밥을 주며 응원한다. 용기를 내어 생애 첫 비행을 멋지게 하라는 엄마의 응원에 힘입어 **오전 6시 10분쯤** 내가 잠깐 한눈을 판 사이 순식간에 셋째가 둥지 서쪽, 길 옆 메타세쿼이아로 첫 비행을 한다. 옥상 난간에 앉아 경계를 서던 아빠 까치의 날카로운 소리가 아침 공기를 가르며 공원에 쩌렁쩌렁 울려 퍼진다. 막내를 격려하는 소리와 이 동네 누구도 내 새끼들에게 접근하지 말라는 엄중한 경고의 소리다. 내 마음이 다든든하다.

오전 6시 29분, 둥지에서 모두 떠난 새끼들의 안전을 확인한 아빠 까치가 둥지로 온다. 둥지 위를 정신없이 왔다 갔다 하다가 날아가면 이내 엄마 까치가 날아와 둥지 주변을 살핀다. 아빠 까치가 조바심을 내며 다시 둥지로 날아와 둥지 주변을 세심히 살피고 다니면서 계속 '까각 까각' 소리를 낸다. 한 바퀴를 돌아 둥지 입구까지 와서 둥지 안을 들여다보고 또다시 까각거리며 한참을 배회한다.

그러나 이상하게 둥지 안으로 들어가지는 않는다. 3분 이상을 둥지 곳곳을 다니면서 무엇을 잃어버린 듯한 행동으로 안절부절못하다가 날아가기를 되풀이한다. 둥지에 대한 고마움과 빈 둥지의 허전함이 남아 쉽게 미련을 버리지 못한 행동처럼 보인다. 둥지를 떠난 새끼들의 안전을 위해 옥상 난간이나 은행나무에 앉아 새끼들을 위해 경계를 서느라 바쁜 와중에도 이런 행동을 암수 모두 여러 차례 반복한다.

새끼들이 내려앉은 메타세쿼이아는 길 양쪽 옆 산책로에 있다. 오늘 부모 까치는 이 길목을 지나가는 사람들이 무척 신경 쓰이나 보다. 지나가는 사람들은 까치가 왜 저렇게 시끄럽게 울어대는지 알 길이 없으니, 한 번씩 쳐다보고 고개를 갸우뚱거리며 지나간다.

부모 까치는 나뭇가지에 앉아서 사람들이 다 지나갈 때까지 새끼들의 비행 동선을 따라다니며 울어댄다. 셋째가 길가 바로 옆 나무로 첫 비행을 했던 탓에 부모 까치의 애타는 마음이 절절하게 와 닿는다. 그러나 시간이 지날수록 사람들의 발길이 점점 더 늘어나고, 부모 까치의 소리도 점점 더 날카롭고 강해진다.

첫째가 나무를 옮겨 날아간다. 그러고는 부모 까치가 그랬듯이 아래 나뭇가지에서부터 차근차근 나무 위로 올라온다. 나무 중간쯤 올라와 그곳이 마음에 드는지 한참을 머물면서 주변을 탐색하며 호기심을 보인다. 이소한 지 하루밖에 되지 않은 첫째의 행동이 자연스럽고 의젓하다. 깃털을 다듬고 날갯죽지와 한쪽 다리를 쭉 편다. 배가 고픈지 부모에게 보챈다.

새끼들은 멀찍이 부모 까치가 오는 것을 알아 도착하기도 전에 입을 쩍 벌리고 날개를 쫙 펴며 먹이 달라는 자세를 취한다. 그에 영락없이 부모 까치가 나타나 먹이를 준다. 먹이를 준 엄마 까치가 바로 날아가지 않고 3분 정도 첫째 곁에 머물다가 날아간다.

5분 뒤 또 엄마 까치가 오자 첫째는 밥 달라고 보채지만 엄마 까치는 잠시 앉았다가 날아간다. 어린 까치 세 마리가 이 나무 저 나무에 흩어져 있어서 부모 까치는 날개를 접고 쉴 짬도 없이 바쁘게 움직인다.

부모 까치는 나무 꼭대기와 옥상 난간에 앉아서 어린 까치들의 동선을 모두 주시한다. 둥지를 중심으로 동쪽에 둘째 그리고 서쪽에 첫째와 셋째가 있다. 어린 까치 세 마리가 움직이거나 이동을 하면 조심하라는 부모 까치의 경계 소리와 잘한다는 격려의 소리가 공원을 들썩이듯 절정에 이른다.

오늘 첫 비행을 한 막내는 아직 움직임이 많지 않다. 그래도 나뭇잎이

✎ 하루 늦게 첫 비행을 한 셋째가 당당하게 앉아 있다.

무성하게 자란 나뭇가지는 안전이 보장되는 최고의 안식처다. 오늘 하루 종일 새끼들을 향한 부모 까치의 소리가 내 귓전에 맴돈다.

　새끼들의 이소 후 첫날은 부모 까치의 조바심의 시간이다. 아침 네 시간 동안 암수가 번갈아 새끼를 키워낸 둥지를 여섯 번씩이나 왔다 갔다 하며 안절부절못하는 모습을 보인다. 특히 아빠 까치의 둥지에 대한 집착은 더 애달프다.

둥지를 세심히 둘러보며 둥지 위에서 나뭇가지를 부리로 다듬고, 부리를 나뭇가지에 문지르기도 하며 애착을 보이고 날아간다. 4개월 동안 동고동락한 둥지를 쉽게 떠나보내지 못하는 모양이다. 사람이 느끼는 빈 둥지 증후군 같은 걸까?

이 까치집은 이웃한 새들이 엄청 부러워하는 둥지다. 딱새, 참새, 박새, 쇠박새, 곤줄박이 등 틈이나 나무 구멍에 둥지를 트는 새들이 주로 찾아들며 부러워한다. 어떤 새는 둥지 안에 들어갔다 나오는 배짱을 보이기도 한다. 묵은 까치집은 이후에 황조롱이, 파랑새가 주로 쓰고, 새호리기도 이용한다. 몽골에서 비둘기조롱이가 까치집을 다시 쓰면서 둥지 트는 모습을 본 적이 있다.

그러나 까치는 아직까지 한 번 사용한 둥지를 다시 사용하는 것을 본 적이 없다. 해마다 새로운 둥지를 만들어 사용하는데, 묵은 까치집의 나뭇가지를 주로 가져다가 이용한다. 어떤 묵은 까치집은 나뭇가지를 모두 다 가져다 사용하여 둥지가 있었던 자리가 흔적도 없이 사라지기도 한다. 관찰자만이 아는 흥미로운 일이 정말 많이 일어난다. 까치도 딱따구리처럼 다른 새들에게 보금자리를 제공하는 훌륭한 건축가이다.

1 빈 둥지, 그 후로도 까치 부부는 계속 둥지 근처를 오간다.
2 시간이 흘러 빈 둥지는 쇠박새(왼쪽), 딱새(오른쪽) 등 작은 새들의 놀이터가 되었다.

까치는 새끼에게
먹이를
어떻게 먹일까?

새들의 식성은 다양하고 대체로 잡식성이다. 그러나 새끼들을 키우는 기간에는 영양가 높고 수분이 많은 애벌레를 주로 잡아다가 먹인다. 주변을 분주히 오가는 참새나 딱새, 박새, 직박구리, 오목눈이, 붉은머리오목눈이 등 부모 새의 부리에는 하나같이 애벌레가 물려 있다.

참새가 부리에 애벌레를 잔뜩 물어다 새끼에게 주면 새끼들은 넙죽넙죽 잘 받아먹는다. 심지어 꾀꼬리는 매미를 새끼에게 통째로 갖다준다. 새끼 꾀꼬리는 힘들어하지만 끝까지 받아먹는 모습에 나도 모르게 대단하다고 박수를 보낸 적이 있다. 주변의 작은 텃새들 또한 대부분 애벌레를 통째로 새끼들에게 먹여 키운다.

1 쇠박새 2 꾀꼬리
3 딱새 4 참새

부모 까치도 새끼들을 키우느라 부지런히 둥지를 들락거린다. 그런데 이상하게 부모 까치의 부리에는 어떤 먹이도 물려 있지 않을뿐더러 물어 나르는 것을 볼 수가 없다. 수컷 까치가 암컷에게 먹이를 먹여줄 때도 늘 부리 안에 담아 오기에 먹이의 내용물을 알 수가 없다.

그러다 우연히 부모 까치가 풀잎에서 애벌레 한 마리를 잡는 것을 보았다. 바로 물어 새끼 까치들에게 날아갈 줄 알았는데 하는 행동이 의외였다. 애벌레를 발로 밟아 부리로 여러 번 물어뜯어 먹는 듯 부리 안에 담

🦅 애벌레를 잘게 물어뜯어 먹이 불룩하도록 부리에 담아 둥지로 온다.

아 새끼들에게 가져가 먹인다. 까치의 의외의 먹이 주는 습성이 놀랍기도 하고 독특하고 신기하다.

조금 독특하다는 생각이 머리에서 떠나지 않고 고민이 깊어가던 중, 물까치의 새끼 키우는 장면을 본 기억이 순간 떠올랐다. 놀랍게도 물까치도 애벌레를 물고 오는 장면을 보지 못했다. 다행히 물까치의 둥지는 밥그릇 모양이라 먹이 주는 장면을 직접 눈으로 볼 수 있는 기회가 있었다. 그때 그 모습이 생경하고 충격적이라 지금도 생생하다. 어미가 먹이를 게워 새끼에게 먹이는 것이었다! 이후로 먹이를 게워서 새끼에게 먹이는 청딱따구리, 멧비둘기가 모이주머니에서 분비되는 포유류의 젖과 비슷한 피존밀크(pigeon's milk)를 게워서 새끼에게 먹이는 모습을 보고 난 뒤로는 새들이 새끼 키우는 방법이 다양하다는 것을 알았다.

아하, 그렇구나! 어쩌면 물까치처럼 까치도 새끼에게 먹이를 게워 먹일 것 같다는 생각이 스친다. 까치 둥지는 지붕이 있어 그 안을 살펴볼 수 없지만 유추해 보면 그럴 것도 같다.

까치는 주로 바닥을 다니며 땅속을 부리로 파헤쳐 먹이를 구하는 습성이 있다. 아마도 땅속의 굼벵이 종류를 좋아하는 것 같다. 나는 왜, 까치는 거친 먹이로 새끼를 키울 거라는 인식이 뇌리에 박혔는지 모르겠다. 선입견이 때로는 큰 오류를 범한다는 것을 새삼 깨우친 관찰이었다.

그러나 새끼가 둥지를 떠난 뒤 보살핌을 받는 시기에는 부리로 먹이를 물어다 주는 모습이 관찰된다.

✎ 둥지를 떠난 어린 까치에게 먹이를 주는 모습

여름 막바지에 새끼들이 완전히 독립한 뒤, 까치 둥지 아래 놀이터 나무의자에 앉아 책을 읽는 척, 과자 봉지를 뜯어 군것질을 하는 척하고 까치가 오기를 기다리며 시간을 가끔 보낸다. 새끼들을 무탈하게 키워 독립을 시킨 부모 까치의 모습을 보고 싶기도 하고, 늦깎이 부부라 새끼들을 키울 때부터 깃갈이를 하여 마음이 짠하기도 해서 생각이 난다. 지금은 대부분 나뭇잎에 몸을 숨긴 채 깃갈이를 하고, 먹이 활동을 하러 다닐 때나 잠깐 볼 수 있다.

　더벅머리 까치 한 마리가 내 주변으로 까치발로 슬금슬금 걸어 다닌다. 제일 긴 꽁지깃도 빠져 버려 독립한 어린 까치보다 작아 보인다. 난 단번에 이 나무 까치 둥지의 주인임을 알아차린다. 얼른 과자 한 조각을 던져준다. 내 눈치도 보지 않고 잽싸게 과자를 물고 근처로 날아가 숨기고는 다시 온다. 슬금슬금 둘러보는 척 어기적어기적 걸어 내 주변으로 다가온다.

　이번에는 한 번에 과자 몇 조각을 던진다. 잽싸게 과자 하나를 물고 가볍게 날아 숨긴 뒤에 바삐 날아와 남은 과자들을 물고 숨기기를 반복하며 결국 하나도 남기지 않고 가져간다. 뒤따라가 어디에 숨겨두었을까 찾아보고 싶은 마음 굴뚝같지만 깃갈이로 예민해졌을 까치의 신경을 건드리고 싶지는 않다.

　지난해에도 까치가 먹이 숨기는 곳을 눈여겨본 후 근방을 샅샅이 뒤졌으나 끝내 찾지 못했던 기억이 떠올라 웃음이 나온다. 그렇지, 쉽게 찾을 만한 곳에 감출 리가 없다. 무더위에 먹이 찾는 일도 그리 녹록지 않지만, 영리한 까치는 오늘처럼 분에 넘치는 먹거리가 보이면 얼른 챙겨서 보물 창고에 숨겨두는 지혜를 발휘한다.

　까치는 잡식성이다. 못 먹는 게 없다는 뜻이기도 하다. 인간과 가장 가까이 살아오면서 먹이 얻는 방법을 터득했다. 언제 어디에서 쓰레기봉투가 나오는지 알고 있다. 그 시간이 다가오면 반대편 나무에 까치 두세 마

1 개구리를 잡아먹기도 한다.   1

2 죽은 새(직박구리)도 잘 먹는다.   2

리가 미리 날아와 앉아 있다. 그리고 냄새로 어디쯤 자신들의 먹거리가 들어 있는지 탐색한다. 결국 기가 막히게 찾아내어 그곳을 집중적으로 파헤쳐 먹이를 구한다.

쓰레기봉투에서 얻는 전리품들이 궁금하여 쌍안경으로 보니 견과류, 족발, 치킨, 과자류 등이다. 그리고는 바로 먹지 않고 어디론가 열심히 물어 나른다. 아마도 미리 많은 먹거리를 확보해 놓으려는 본능 때문일 것이다. 매일같이 쓰레기봉투를 뒤지는 범인이 까치의 소행임을 알지 못했을 때는 나 역시 고양이나 쥐가 그랬을 거라고 생각했다. 아직도 사람들은 내 말을 잘 믿으려 하지 않는다.

이웃 영역(1구역)에는 먹이 구하기가 정말 녹록지 않다. 환경이 열악하여 어미는 쓰레기봉투를 자주 뒤진다. 어미 까치가 양념치킨 남은 것을 부리로 찢어 어린 까치에게 먹이면 어린 까치는 맛이 강한지 뱉어내고 탐색을 하다가 어미에게 도로 빼앗기기도 한다. 그러면 쫓아가서 어미를 졸라 다시 얻어먹는다.

이 영역의 어린 까치는 일찌감치 인간의 음식에 길들여지는 것 같아 마음이 짠하다. 어린아이들이 일찌감치 인스턴트식품에 길들여지는 현실과 겹쳐지면서 안타깝기만 하다. 여름철이 되면 장염에 걸리는 까치들이 많다는데 상한 인간의 음식 때문이 아닐까 하는 생각이 든다.

어린 까치들의
일상

🐦 관찰 76일, 이소 3일

새벽 5시, 공원의 하루가 남다르게 느껴진다. 들릴 듯 말 듯한 딱새 소리, 아름다운 꾀꼬리 소리, 조잘조잘 참새 소리, 시끌시끌 직박구리 소리가 내 귀에 들리지 않을 정도로 까치 소리가 새벽을 뒤흔들고 있다.

갑자기 까치 소리가 전쟁을 선포하듯 들려와 가슴이 쿵 내려앉는다. 고양이가 어린 까치가 앉아 있는 나무 아래로 슬금슬금 다가가고 있다! 엄마 아빠 까치가 맹렬한 울음소리를 내며 고양이 턱밑까지 다가가 고래고래 소리를 질러댄다.

그제야 고양이는 슬금슬금 자리를 떠나 다른 곳으로 간다. 사람이 지나갈 때 까치의 경계 소리와 고양이가 접근할 때의 공격 소리는 완전히

🏹 새끼들의 이소 후, 고양이에게 아주 예민하게 반응하는 까치 부부

차원이 다르다. 새끼들이 둥지를 떠난 상태인 지금 까치 영역의 동네에 사는 고양이는 이제 눈엣가시가 되었다. 사실 까치는 고양이의 밥을 몰래 즐겨 먹는, 묘한 이웃 관계이다.

메타세쿼이아에서 용기 있게 혼자 밤을 보낸 셋째는 미동도 하지 않은 채로 나뭇가지에 앉아서 눈만 껌뻑거린다. 햇살이 비추기 시작하자 조금씩 기지개를 켜며 부리로 열심히 양쪽 날개를 다듬는다. 사람의 표현을 빌리자면, 간질간질해서 자꾸 손이 간다고 해야 할까?

오전 5시 40분, 아빠 까치가 가져온 첫 아침밥을 먹는다. 먹이를 먹은 뒤 기운이 나는지 두 발로 나뭇가지를 꽉 움켜쥐고 몸을 위로 쭉쭉 뻗으며 키 크기도 한다. 연달아 먹이를 받아먹자 활기차게 깡충 뛰어 윗가지로 올라앉는다. 어린 까치들이 가끔 발을 헛디뎌 아찔한 순간도 있지만, 깃털 다듬기와 스트레칭으로 쉼 없이 움직이면서 나뭇가지와 한 몸이 되어간다. 그러다 노곤함이 밀려오면 햇살을 받으며 꾸벅꾸벅 졸기도 한다.

🦅 나뭇가지를 오르내리다 발을 헛디뎌 아찔한 순간도 있다.

오전 7시까지 첫째는 아빠 까치에게 먹이를 몇 번 받아먹었지만 엄마 까치가 여덟 번이나 집중적으로 먹이를 가져다주었다. 엄마 까치가 첫째를 유난히 편애하는 느낌이다. 첫째는 밥심으로 힘과 용기가 솟아나는지 움직임이 과감해지고 두려움 없이 행동한다.

아슬아슬 곡예 하듯이 나무 꼭대기로 이동한 뒤 숨 고르기를 한다. 잠시 두리번거리며 주변을 살피더니 몸을 곧추세워 날아갈 지점을 확인한 후, 오늘 처음으로 멋지게 날갯짓한다. 첫째는 둥지에서 나와 바깥세상을 처음 비행한 메타세쿼이아로 날갯짓하며 내려앉는다. 첫째가 날아오르는 힘에 의해 나뭇잎들이 신나게 춤을 추며 힘찬 응원을 보낸다.

첫째가 날아간 나무는 셋째가 밤을 보낸 곳이다. 셋째는 형이 오니 든든하고 반가운지 슬금슬금 첫째 옆으로 다가간다. 부리로 나뭇가지를 건드리면서 장난도 친다. 첫째는 나무줄기 바깥쪽 나뭇가지 끝에서 주로 움직이며 활동을 하는 데 반해, 셋째는 나무줄기 안쪽 가지에서 주로 활동한다. 첫째는 이른 아침부터 많이 움직여 피곤한지 나뭇잎이 많은 가지에 몸을 숨기고 휴식을 취한다.

오전 7시 47분, 아빠 까치는 셋째에게 먹이를 주고, 엄마 까치는 첫째에게 먹이를 준다. 셋째가 엄마에게 먹이를 달라고 뒤뚱거리며 간신히 가까이 다가가는데 엄마는 매정하게 다른 곳으로 옮겨 앉는다.

첫째는 엄마가 날아가자 출렁이는 나뭇가지를 잘 옮겨 다니며 엄마가 날아간 방향으로 다시 한번 비행을 한다. 그곳은 둘째가 있는 곳이다.

1 먹이를 받아먹는 첫째   1
2 와~ 우리 첫째 멋지구나!   2

🐦 첫째가 셋째 있는 곳으로 날아가자 셋째가 좋아하며 다가간다.

그 모습에 셋째도 자리를 옮겨 엄마와 형이 날아간 방향을 바라보며 날아가고 싶은지 주변을 두리번거리더니 울기 시작한다. 용기가 나지 않는지 비행을 하지 못하고 다시 나무줄기 안쪽으로 자리를 옮겨 앉는다. 그때 엄마 까치가 먹이를 먹이고 날아간다.

오늘 셋째는 아직 비행을 하지 못했지만 첫째를 따라다니느라 고단했는지 나뭇잎이 무성한 가지에 앉아서 10여 분을 꾸벅꾸벅 졸고 있다. 그 모습을 보니 마음이 짠하다.

오전 8시 11분, 아빠 까치가 먹이를 주러 다가오자 날아갈 듯이 반기며 받아먹는다. 둘째와 첫째가 있는 나무에서도 엄마 아빠 까치의 소리만 들려도 먹이를 달라고 보채는 반응이 폭발적이다. 아빠 까치는 셋째에게 한 시간 동안 일곱 번이나 먹이를 가져다주었다.

조금 특이한 점은, 첫째는 아빠 까치가 먹이를 가지고 와도 먹이를 달라고 적극적으로 의사 표현을 하지 않는다. 그 대신 엄마 까치가 첫째에게 먹이를 집중적으로 먹이는 것을 볼 수 있다.

하루 종일 어린 까치들의 배고프다는 소리와 부모 까치의 경계하는 소리가 카랑카랑하게 울린다.

🐦 관찰 77일, 이소 4일

어느덧 새벽 공기가 까치들의 외침으로 깨어나고, 하루의 마감도 까치들의 소리로 문을 닫는다. 아직 어린 까치들의 활동 영역은 둥지 앞 메타세쿼이아 주변의 나무들이다. 오늘은 독특한 장면을 보았다.

아빠 까치가 굵은 나뭇가지를 물고는 둥지 짓는 기초 공사를 하듯이 메타세쿼이아로 몇 가닥 물어다 놓는다. 아빠 까치는 새끼들이 이소하기 며칠 전에도 나뭇가지를 물고 둥지 안으로 밀어 넣었다. 이웃집 까치도 새끼들이 이소하고 며칠 뒤 둥지 맞은편 소나무에 나뭇가지를 물어 갖다 놓는 것을 보았다.

아빠 까치는 몇 번씩 가지를 물고 와서 영역 표시를 하듯이 해놓는다. 이소 후에도 아빠 까치가 나뭇가지를 물고 오는 의미가 무엇인지 궁금하다.

🐾 새끼들이 둥지에서 떠난 뒤에도 나뭇가지를 물고 근처 나무에 갖다 놓는다.

🪶 관찰 78일, 이소 5일

직박구리 부부가 어린 새들을 데리고 옥상에 나타났다. 하루에 한 번은 꼭 이곳을 거쳐서 날아간다. 부모 새가 준베리나무에 앉아서 열매 하나를 먼저 따 먹으면, 어린 새들이 차례대로 줄줄이 날아와 부모의 행동을 그대로 따라 한다. 이렇게 직박구리가 어린 새들을 데리고 몇 번 나타나면 맛있게 익은 열매가 흔적도 없이 사라진다. 맛보려고 아껴둔 내 열매도 예외는 아니다. 맛있게 익은 열매는 흔적도 없이 사라지고 덜 익은 열매만 한두 개 남는다.

어린 까치들이 공원 잔디밭에 있는 은행나무로 영역을 넓혔다. 이제는

🐦 직박구리가 맛난 열매를 다 따 먹는다.

외부 반응이 있을 때나 부모가 먹이를 가지고 오는 소리가 들리면 순간 이동을 하듯 자유롭게 날아다닐 만큼 빠른 성장 속도를 보인다.

관찰 80일, 이소 7일

어린 새들의 꽁지깃이 제법 자랐고 깃털 다듬는 솜씨도 능숙하다. 어린 까치 세 마리가 은행나무에 앉아 있다. 한 마리는 아주 자유롭게 이 나무 저 나무로 날아다닌다. 두 마리는 여전히 그 자리를 지키고 있다.

아빠 까치가 먹이를 가지고 오자 두 마리 모두 적극적으로 입을 벌리

✎ 이제 은행나무로 이동을 하여 활동한다.

고 날아갔으나 한 마리만 받아먹는다. 미처 먹이를 받아먹지 못한 어린 까치가 화가 나는지 직접 먹이를 찾는다. 그 모습을 보니 웃음이 절로 나온다.

한창 녹색을 띤 은행나무 잎 가운데 병이 들었는지 반쪽만 노랗게 변한 잎이 있다. 어린 까치가 그 잎이 있는 가지로 쏜살같이 올라가 부리로 잎을 뜯어 물고 당당하게 다시 자리로 온다. 그런데 엄마 아빠가 주는 먹이 맛이 아닌지 몇 번 물어뜯더니 그냥 휙 버린다. 실망한 듯이 조용히 앉아 있다가 엄마가 먹이를 가지고 오니 잽싸게 받아먹은 뒤 똥을 누고 날개를 쭉 펴며 기지개를 켠다. 한 시간 동안 은행나무에서 이리저리 움직이더니 다른 나무로 날아간다.

오늘의 주요 무대는 은행나무다. 은행나무는 상태가 좋지 않아 죽은 가지가 많다.

이제는 몸을 숨기지 않아도 천적들을 피해 순간적으로 날 수 있는 상태가 된 어린 까치들이 당당히 몸을 드러내고 훈련 중이다.

해가 지기 시작하자 어린 까치들이 은행나무 가장자리에 마치 서열을 맞춘 듯 수직으로 쪼르르 앉아 있다. 잠시 후 부모 까치가 날아오자 맨 위에 앉아 있는 첫째가 반응을 보인다. 곧이어 멍하니 쉬고 있던 둘째도, 맨 아래에 앉아 있던 셋째도 줄줄이 반응을 보인다.

아빠 까치가 가장 먼저 반응을 보인 첫째에게 먹이를 주자 둘째, 셋째도 입을 벌리며 아빠 까치를 따라 날아다니자 순식간에 수직 서열이 허물어진다.

🐦 병든 은행잎을 먹이로 착각한 어린 까치

🐾 은행나무에 쪼르르 앉아 있다가 부모 까치가 먹이를 가저오자 먼저 달라고 아우성이다.

2분 뒤 엄마 까치가 둘째에게 먹이를 준다. 셋째가 쏜살같이 엄마 까치에게 달려들 듯이 입을 벌리며 소리도 내지만 소용없는 메아리다. 이에 아빠 까치에게 먹이를 받아먹은 첫째까지 달려드니 순식간에 아수라장이 된다.

어린 까치들의 하루는 금방 저문다. 갑자기 부모 까치가 신호를 보낸다. 시끄럽게 울던 어린 새도, 나뭇가지를 부리로 쪼던 어린 새도 조용해진다. 얼마나 시간이 흘렀을까, 부모의 경계 소리가 멈추었다고 느꼈는지 어린 까치 세 마리가 모여 앉아 서로 장난을 치며 여유로운 시간을 보낸다.

오늘은 시간이 많이 늦어져 은행나무에서 밤을 보내는가 싶었는데, 잠시 뒤 한 마리씩 옆 메타세쿼이아로 이동한다. 오늘 밤도 잎이 무성한 메타세쿼이아에서 잠을 청하려나 보다. 어둠이 깃들자 시끄러운 어린 까치들도 조용해진다. 적막감 속에서 밤이 깊어간다. 여전히 바람이 거세게 분다.

🐾 바람이 불어 메타세쿼이아가 심하게 흔들린다. 어린 까치들이 이곳에서 밤을 보내려고 모여든다.

처음으로
땅을 밟다

🐦 관찰 81일, 이소 8일

어제는 하루 종일 은행나무를 근거지로 삼아 활동하더니 오늘은 호숫가 버드나무를 근거지로 삼아 활동한다. 버드나무에 앉아서 어린 까치가 엄마 까치에게 조른다. 그러자 엄마 까치는 나뭇가지에 오르내리기를 반복하며 새끼들을 땅으로 불러 내린다. 드디어 어린 까치들이 땅으로 내려왔다.

어린 까치들이 자연스럽게 땅으로 내려오는 것을 보니, 이틀 전부터 내가 관찰하기 어려운 곳에서 잠깐씩 바닥에 내려왔나 보다. 태어나서 처음으로 땅을 밟는 순간의 느낌이 어떠했을까? 아기가 첫발을 떼는 순간의 감정일까? 아마도 어린 까치 세 마리는 설레기도 하고 두렵기도 하면서

🔖 버드나무로 활동 영역을 넓힌 어린 까치

대지의 포근함을 느꼈을 것이다.

나는 호숫가를 산책하는 척하며 어린 까치들이 있는 곳 근처를 지나간다. 아니나 다를까, 부모 까치의 경계 소리가 하늘을 찌르니 바닥으로 내려온 어린 까치들이 잽싸게 살구나무로 날아가 올라앉는다.

어린 까치들이 처음으로 땅을 밟은 곳은 호수 근처 살구나무 주변일 것이다. 살구나무 주변에 명자나무를 울타리로 심어 놓아 사람들의 접근이 쉽지 않다. 영리한 부모 까치는 이미 이곳의 정보를 잘 파악했을 것이다.

🐾 새끼들이 바닥으로 내려오면 부모 까치는 가까이에서 경계를 선다.

아무리 안전한 곳이라도 어린 까치들이 처음 접하는 곳은 경계가 엄중하고 살벌하다. 지금은 땅으로 내려와 훈련하는 상황이라 천적이 곳곳에 도사리고 있다. 그 어느 때보다도 예민하게 경계를 서야 한다. 아이들이 걸음마할 때의 심정이 부모 까치에게서 고스란히 느껴진다.

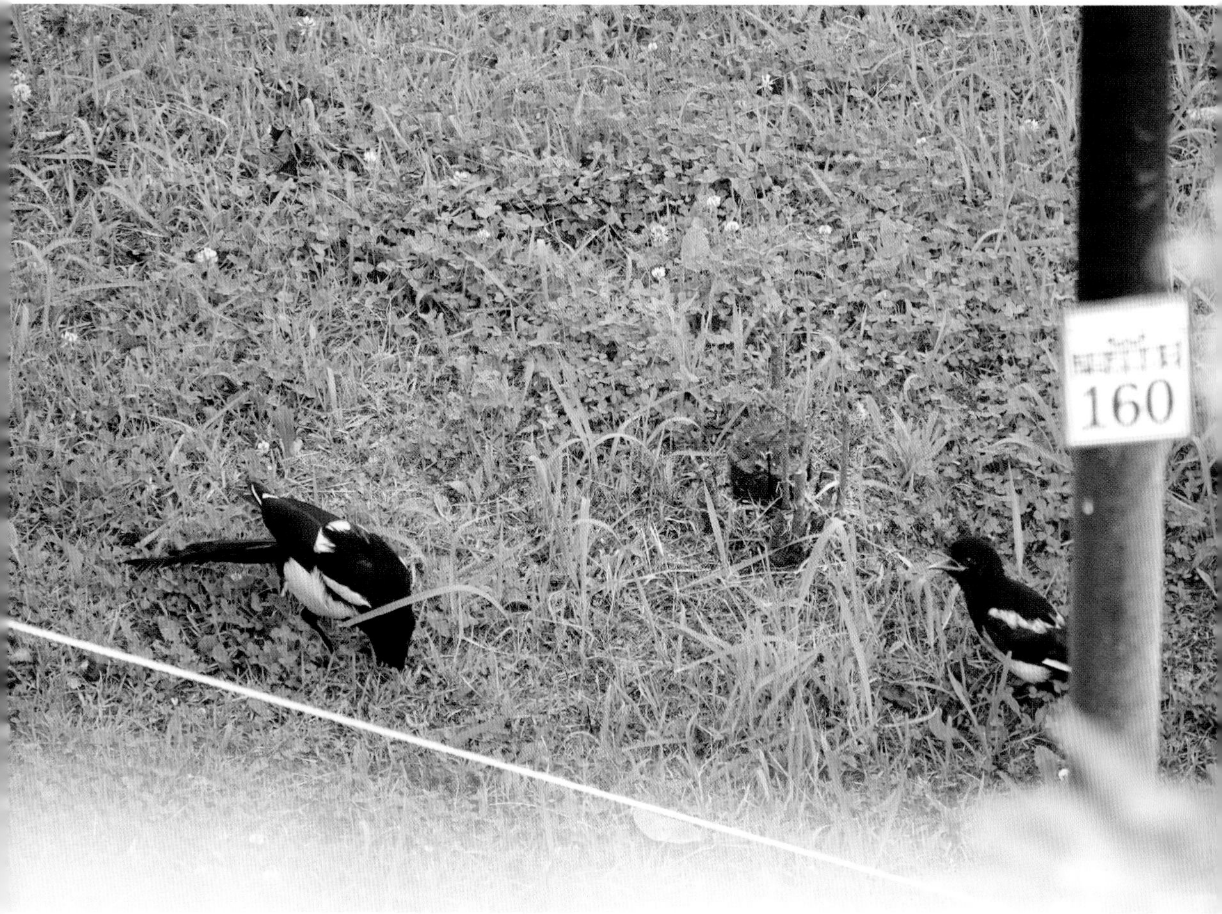

자, 먹이는 이렇게 찾는 거란다.

주변이 조용해지자 어린 까치 하나가 땅으로 내려앉는다. 이제는 부모의 먹이 공급도 뜸하다. 대지의 품으로 내려앉았으니 먹이 훈련이 본격적으로 시작된 것이다. 아빠 까치가 먹이 활동을 하는 바로 옆에서 어린 까치가 배고프다고 조른다. 아빠 까치는 끄떡도 않고 계속 땅을 파며 먹이 활동을 한다. 그러다 한 번씩 먹이를 먹인다.

살구나무에 앉아서 그 모습을 본 다른 어린 까치 하나가 잽싸게 바닥으로 내려와 입을 벌리고 소리를 내며 먹이를 달라고 보챈다. 오늘 하루의 일상이 그려지는 풍경이다.

🪶 관찰 82일, 이소 9일

어린 까치 한 마리가 소나무에 앉아서 여유롭게 아래를 내려다보고 있다. 순간 부모 까치가 나를 발견하고 격렬하게 경계의 소리를 낸다. 소나무에 앉아 있던 어린 까치가 잽싸게 메타세쿼이아로 숨는다. 부모가 경계하는 소리를 내면 이제는 즉각적으로 반응을 보인다.

🪶 살이 포동포동한 어린 까치가 소나무에 앉아 있다.

어린 두 형제는 죽은 이팝나무에 앉아 있다가 부모가 은행나무로 날아가 앉으니, 망설임 없이 잽싸게 은행나무로 날아간다. 반응은 막내가 먼저 보였지만, 형이 앞서 날아간다. 그러나 부모 까치는 먹이를 주지 않고 다시 버드나무로 날아간다. 어린 까치들이 그 뒤를 따라서 낭창거리는 버드나무 가지에 곡예 하듯이 내려앉는다. 여기서도 먹이는 주지 않는다.

이제는 부모 까치가 나뭇가지로 올라와 어린 까치에게 먹이를 주는 모습을 볼 수 없다. 어린 까치들이 바닥으로 내려오기 시작하고부터 부모 까치의 행동이 단호해졌다. 땅에 발을 내딛는 순간 먹이를 스스로 찾아 먹어야 하고, 배고픔을 견뎌야 하는 훈련이 시작된 것이다.

✒ 반응은 동생이 먼저 보였지만 형이 잽싸게 날아간다.

비 내리는 이른 아침, 날씨가 제법 쌀쌀해 한기가 느껴질 정도다. 새벽 5시, 딱새 소리가 나지막이 내 귓전에 들려온다. 새끼들을 키우느라 이른 새벽부터 바쁘게 움직이는 소리다.

어린 까치들의 영역이 잔디 광장으로 넓어졌다. 부모 까치의 영역을 거의 다 활용할 때가 온 것이다. 어젯밤부터 비가 내려 잔디밭이 축축하다. 엄마 아빠 까치는 잔디밭 여기저기를 다니며 먹이 활동을 한다.

첫째는 이팝나무 죽은 가지에 앉아 있고, 둘째와 셋째는 잔디밭에서 엄마 아빠를 따라다니며 먹이를 달라고 조른다. 엄마 까치는 비 오는 잔

엄마 딱새가 새끼들 먹이를 찾아 부지런히 움직인다.

디밭에서 쉼 없이 땅을 파고 무엇인가를 찾아 먹는다.

셋째는 "우리 엄마는 도대체 무엇을 찾아 먹으라는 걸까?" 알 수 없다며 계속 조르기만 한다. 그래도 엄마 까치는 개의치 않고 부지런히 따라 하라고 한다. 혼자 먹이를 찾던 둘째가 쪼르르 쫓아와 엄마를 조른다.

두 마리가 졸졸 따라다니며 입을 벌리고 있어 마음이 조급해질 수도 있겠지만 엄마 까치는 할 일만 한다. 엄마 까치가 땅을 파기만 해도 어린 까치들이 쪼르르 달려가 입을 벌린다. 부모 까치는 이렇게 어린 까치들의 먹이 활동을 유도하려고 훈련하는 중이다.

시간이 흐르자 어린 까치들도 부리로 땅을 콕콕 파본다. 먹이 찾는 것이 쉽지 않은지 콕콕 파다가 배고프다고 까각거리며 보채기를 수없이 한다. 그 소리에 내가 허기진다.

아빠 까치는 근처에서 부지런히 먹이를 찾다가 막내가 계속 쳐다보며 보채자 먹이를 먹인다. 먹이를 받아먹은 막내는 먹이처럼 보이는 나무껍질을 부리로 물고 이리저리 살핀다. 그러다 먹이가 아닌 것을 알고 나무껍질을 팽개치며 배고프다고 엄마 까치에게 넘어질 듯이 달려간다.

아빠 까치는 잔디밭에서 열심히 먹이 훈련을 시키더니 옥상 난간에 앉아서 경계를 서며 삼 형제를 살핀다. 여전히 엄마 까치를 따라다니며 먹이를 달라고 조르는 어린 까치들의 소리가 공원에 끊임없이 울려 퍼진다.

🦢 엄마, 우리 배고파요!

딱새 가족이
둥지를 떠나다

🐦 관찰 85일, 이소 12~13일

비가 그치면서 어린 까치들의 소리가 공원을 뒤흔든다. 부모 까치가 먹이를 주지 않으니 밤새 얼마나 배가 고팠을까? 은행나무에 앉아 있는 엄마 까치를 발견한 어린 까치들이 밥 달라고 보채자 엄마 까치가 잔디밭으로 내려앉는다. 어린 까치들도 엄마 까치를 따라 잔디밭으로 내려와 졸졸 따라다닌다.

오늘은 어린 까치들이 영역을 세 번째 중국단풍까지 넓혔다. 공원에는 간격을 두고 중국단풍 세 그루가 나란히 있다. 그 가운데 세 번째 중국단풍이 이웃 까치와의 경계선에 있어 늘 이 근처에서 치열한 다툼이 벌어진다.

🔍 비 내리는 이른 아침, 먹이를 잡아온 딱새 부부

옥상 농기구 보관함에서 새끼를 키운 딱새 가족이 둥지를 떠나는 예정일이 어제였다. 어제 관찰을 하지 못해 혹시나 해서 보관함으로 헐레벌떡 달려간다. 다행히 딱새 아가들이 둥지를 떠나지 않았다. 엄마 아빠 딱새가 입에 먹이를 물고 차례로 드나들며 새끼들 먹이를 챙긴다. 아마도 오늘은 새끼들을 데리고 둥지를 떠날 것 같다.

이른 아침에는 비가 내렸는데, 점점 구름이 걷히며 청명한 하늘에 뭉게구름이 피어나기 시작한다. 새끼들이 이소하기 딱 좋은 날씨다.

1 농기구 보관함 속 농약병 너머에 튼 둥지
2 둥지 안에 이소를 며칠 앞둔 새끼 여섯 마리가 있다.
3 농기구 보관함을 드나드는 아빠 딱새   4 엄마 딱새

1	2
3	4

오전 8시, 나는 마지막으로 딱새를 보내는 인사를 하려고 살그머니 근처로 다가간다. 주변에서 딱새 부부가 경계를 서며 새끼들 나올 때를 엿보는 듯하다.

어미가 신호를 보내는지 갑자기 새끼들이 한 마리씩 나와 작은 대나무 숲으로 날아간다. 여섯 마리 모두 무럭무럭 잘 자라 농기구 보관함에서

🔧 농기구 보관함 옆은 토종 씨앗 텃밭으로 까치가 주로 애용하는 청정 먹이 장터다.

떠나는 것을 보니 눈물이 나온다. 조금 걱정스러운 것은 이 옥상은 늦깎이 까치 부부의 영역으로, 지금 어린 까치들이 이곳에서 먹이 훈련을 한다. 그나마 천만다행인 것은 옥상에서 새끼를 낳은 고양이는 미리 옮겨 놓은 상태다.

늦은 오후 7시 40분, 딱새 엄마 아빠의 절규에 가까운 소리가 들린다. 주변에 또 까치가 서성거리나 싶어 무심히 흘려들었다. 그런데도 귀에 거슬리는 소리가 계속 들려 살금살금 다가가 보고는 깜짝 놀랐다.

이런 세상에! 까치가 바닥에 떨어진 새끼 딱새 한 마리를 잡으려는데 엄마 딱새의 공격에 쉽게 잡지 못하는 상황이 벌어지고 있다. 내가 어찌할 바를 몰라 우왕좌왕하는 사이에 까치가 새끼 딱새 한 마리를 물고 옥상을 탈출하여 호숫가로 날아간다.

아빠 딱새가 울부짖으며 끝까지 까치를 뒤쫓아 날아가지만 이미 때는 늦었다. 나머지 다섯 새끼를 지키기 위해 엄마 딱새가 계속 비상경계 소리를 내자 새끼들이 숨죽이고 있다. 한참 뒤, 아빠 딱새가 온 뒤에도 한동안 슬피 우는 소리가 이어진다.

어느덧 어둠이 완전히 내려앉아 도시의 화려한 불빛만이 아픔을 달래주는 듯 아른거린다.

딱새 가족의 기막힌 현실이 떠올라 잠을 설쳤다. 이튿날, 새벽이 밝자마자 공원으로 내달린다. 옥상에 들어서는데 딱새 어미의 가슴 찢어지는 소리가 울려 퍼진다. 새끼를 그렇게 잃었으니 얼마나 개탄스러울까?

이 아침, 까치 소리가 너무 얄밉게 느껴진다. 한참을 울던 엄마 딱새가 어디론가 날아간다. 아빠 딱새는 보이지 않는다. 한 시간이 지나도 딱새의 슬픈 소리는 멈출 줄 모른다. 까치 소리만 들려도 경기를 일으킬 정도로 반응하며 쫓아버린다. 마침내 14센티미터의 작은 딱새가 까치를 옥상에서 몰아낸다. 딱새가 악착같이 버티고 있어 까치는 옥상에서 먹이 활동을 하지 못하고 그렇게 오전이 지나간다.

나머지 다섯 마리 새끼들은 잘 있을까? 새끼 딱새들의 우는 소리가 들리지 않는 것으로 보아 안전한 곳으로 대피시켜 놓은 것 같다. 엄마 딱새는 새끼들을 위한 먹이 활동도 하지 않고 몇 시간째 울어댄다. 까치만 보이면 이리 팔짝, 저리 팔짝 날아다니며 계속 처절하게 운다. 새끼들이 처음 날아 앉았던 곳에서 한참을 울더니 어디론가 날아간다.

오전 8시 20분, 아빠 딱새가 나타났다. 소나무에 꽁지깃을 위 아래로 흔들며 딱딱 소리를 내는데 그 소리가 얼마나 크게 울리는지 목탁 소리처럼 들린다. 그 소리에는 슬픔을 모두 떨쳐 버리고 남은 새끼들을 잘 돌보겠다는 굳은 의지가 담긴 듯하다. 거의 네 시간을 둥지 근처에서 보내고 마침내 옥상을 떠난다.

갓 이소한 어린 새끼들을 데리고 어디로 갔을까? 옥상에서 다른 곳으로 이동하려면 새끼들은 위험을 무릅써야 한다. 둥지에서 나오자마자 옥

🐦 살구나무에 앉아 주변을 살피는 엄마 딱새(왼쪽)와 신나무에 앉아 망을 보는 아빠 딱새(오른쪽)

상에서 지상의 안전한 어딘가로 날아가야만 하기 때문이다. 아마도 새끼들을 유인하기 위해 부모 딱새는 강단이 필요했을 것이다.

나는 잠시 마음을 가라앉히고 아래를 내려다본다. 아, 명자나무 울타리에 있는 부모 딱새가 눈에 띈다. 그렇게 밤새 애태우고 새벽에 둥지 주변에서 네 시간이나 서성거리다가 이제야 남은 다섯 마리의 새끼들을 위해 먹이를 물어 나른다. 부모 딱새의 애간장 타는 마음에 위로와 격려를 보낸다. 그런데 어쩌나, 그곳도 까치의 아지트인데…….

오늘은 까치의 모든 행동이 아주 눈에 거슬린다.

당연한 자연의 섭리인 것을 왜 그리 감정에 이입하여 빠져드는지, 가끔은 내가 이상한 세계에 빠져 산다는 생각이 들기도 한다. 문득 그리운 친정아버지가 떠오른다.

"우리 둘째 딸은 저리 온순해서 어찌 세상을 살아나갈까?"

걱정하시던 아버지의 목소리가 가슴 먹먹하게 들려온다.

지금도 멀리서 딱새 소리가 들린다. 어린 다섯 새끼들을 위해 먹이를 물어 나르는 씩씩한 엄마 아빠 딱새의 소리다.

갑자기 하늘이 시끄럽다. 주변도 시끄럽다. '끼이~악~' 하는 맹금 특유의 소리가 하늘을 가르며 들려온다. 하늘을 바라보니 새호리기 세 마리가 공중을 맴돌고 있다. 해마다 주변에서 번식하는데 올해도 공원 근처 어딘가에 자리를 잡으려는 모양이다. 저 맹금의 소리에 하늘 아래 생명체들은 얼마나 겁에 질릴까?

어린 까치들이
스스로
먹이를 찾다

🐦 관찰 87일, 이소 14일

날씨가 흐리다. 어린 까치들은 든든한 부모의 돌봄으로 아주 건강하게 잘 자라고 있다. 이웃집 까치보다 깃털이 훨씬 더 반질반질하게 윤기가 흘러 건강해 보인다. 인물도 동네 까치 중에서 제일 훈훈하다. 오랜 시간 동안 애정으로 지켜본 나의 눈에 콩깍지가 씌어 더욱 사랑스럽게 보이는 건가?

어린 까치 한 마리가 참새 아파트 근처 소나무에 내려앉으려 하다가 그만 버둥거리며 참새 아파트 난간에 얼떨결에 내려앉는다. 그 모습에 놀란 참새들이 둥지에서 우르르 나오자 어린 까치가 더 놀라 기겁을 하고 날아간다.

🐦 부모의 지극정성으로 무탈하게 쑥쑥 자라는 어린 까치들

　오후 늦은 시간, 어린 까치 한 마리가 명자나무 울타리 안으로 들어가 먹이 활동을 한다. 키가 쑥 자란 고들빼기 줄기를 부리로 물어 내리고는 왼발로 줄기를 밟아 씨앗을 먹는 재롱을 피운다.

　어린 까치들은 먹이를 찾는 활동 무대가 제각각이라 각자 알아서 다닌다. 이제 부모 까치는 높은 옥상 난간이나 나무 꼭대기에 앉아서 경계하는 정도로 어린 까치들의 행동반경이 넓어진 것이다.

먹이를 찾아서 이리저리 헤매는 어린 까치들

🐦 위에서부터 첫째, 둘째, 셋째

각자 여기저기서 먹이 활동을 하다가 모두 버드나무로 모여든다. 바람에 일렁이는 나뭇가지에 몸을 맡긴 채 형제애를 뽐내고 있다. 쪼르르 앉아 있는 모습이 척 보아도 위에서부터 첫째, 둘째, 셋째다. 셋이 함께 있으면 구별하기 쉽지만, 흩어져 따로 다닐 때는 구별이 되지 않는다. 셋째는 아직 어린 티가 많이 난다.

맨 위에 앉아 있던 첫째가 둘째의 꽁지깃을 다듬어주고, 장난도 친다. 또 서로의 발가락을 건드리기도 하고, 부리를 서로 부딪치기도 하면서 호기심 어린 행동을 많이 한다.

🔍 서로 장난 치며 형제애를 돈독히 다지는 어린 까치들

딱딱하고 날카로울 것 같은 부리가 때때로 서로 교감하며 사랑을 나누는 매개체가 된다는 것이 신기하기만 하다. 부리에 촉각세포가 많이 분포되어 있을 것으로 보인다. 그리고 나뭇가지에 상처 난 자국이나 누르스름한 잎이 먹이로 보이는지 가만두지 않고 부리로 연신 쫀다.

어린 까치들이 서로 다정하게 놀다가 저 멀리서 날아오는 엄마 까치가 보이자 성급한 첫째는 날아가서 맞이하고, 둘째와 셋째는 날갯짓을 하며 입을 벌리고 소리소리 지른다. 첫째가 마중을 나갔는데 엄마 까치가 동생들 있는 나무로 날아오자 쏜살같이 되돌아와 조른다. 그러나 엄마 까치의 먹이는 이미 셋째의 입으로 쏙 들어간 뒤였다.

먹이 전쟁이 끝나자 첫째가 둘째의 꽁지깃을 다듬어주며 형제애를 보인다. 첫째는 부리 가장자리의 노란색이 사라지고 있어 청소년의 티가 흐르지만, 셋째는 아직 어린 티가 많이 묻어 있다.

어린 새끼들이 나뭇가지에서 활동할 때는 부모 까치의 먹이에만 온전히 의존했다. 그 시기가 지나고 땅으로 내려와 훈련을 받기 시작하면서부터 먹이 찾는 훈련과 함께 스스로 먹이를 찾아서 먹어야 하는 일이 잦아졌다.

어느덧 어린 까치들은 부모 까치들의 영역 곳곳을 돌아다니며 먹이 활동을 하고, 부모 까치들처럼 땅에서 먹이를 찾아 먹는다. 부모가 주는 먹이처럼 맛있는 먹이를 잘 찾으려면 많은 훈련이 필요하다.

어린 까치들은 주로 호수 주변 데크 앞 버드나무에 앉아서 쉰다. 나는 버드나무 아래에 가만히 서서 호수를 바라보는 시간을 즐기고 있지만, 신

1 먹이를 받아먹는데 버드나무가 휘청거리며 춤을 춘다. 1

2 첫째가 둘째의 꽁지깃을 다듬어주며 친밀감을 보인다. 2

경은 온통 나무에 앉아 있는 어린 까치에게 쏠려 있다. 갑자기 내 발 앞으로 무언가 툭 떨어진다. 나는 당연히 똥이라고 생각했는데 모양이 다르다.

그제야 버드나무 아래 서 있는 내 발 밑에 눈길이 간다. 버드나무 아래 데크는 온통 마른 잔디로 지저분하다. 마른 잔디는 똥과 섞여 있고 바랜 붉은색도 띠고 있다. 그동안 비에 씻겨 내려가고 내리쬐는 햇빛에 그 흔적이 많이 사라졌지만, 자세히 보니 어린 까치들이 먹이 활동을 하면서 먹이로 착각하고 먹었다가 토해낸 것이 대부분이다. 부모 까치들이 열매를 통째로 먹은 뒤 굵은 씨앗들을 뭉쳐 토해내는 펠릿(pellet)과는 차이가 크다.

어린 까치들이 먹이를 찾아서 먹는 행동이 그저 본능적으로 되는 것이 아니라 많은 훈련을 거쳐야 비로소 가능하다는 사실이 새삼 놀랍다.

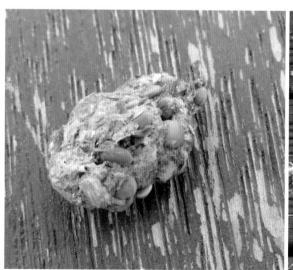 

1 | 2 　1 어른 까치의 배설물(펠릿) 　2 어린 까치의 배설물(먹이로 착각하고 먹었다가 토해낸 것과 똥)

부모 까치의 냉정한 먹이 훈련이 얼마나 중요한지 다시 한번 깨닫게 되는 장면이었다.

🪶 관찰 89일, 이소 16일

오늘은 딱새 소리가 들리지 않는다. 딱새 가족이 나의 행동반경에서 사라졌다. 둥지를 떠난 지 벌써 5일이 지났으니 어린 딱새도 많이 자랐을 것이다. 딱새 부부의 강단을 보았기에 새끼들을 잘 키울 거라는 확신이 있다.

오전 9시 무렵, 옥상에 아빠 딱새가 나타났다. 자주 앉는 자리에서 꽁지를 가볍게 까딱거리며 딱딱 소리를 내더니 휙 날아간다. 나에게 새끼들을 잘 키우고 있으니 걱정하지 말라는 신호로 느껴져 마음이 편안해진다. 그 후로도 가끔 찾아와 잘 지낸다며 인사하고 간다.

이제 부모 까치는 어린 까치들에게 먹이 공급을 거의 하지 않는다. 공원은 배고픈 어린 까치들의 소리와 먹이 훈련을 시키는 부모 까치들의 소리로 꽉 차 있다. 새끼들이 독립을 해야 비로소 멈출 소리다.

엄마 까치가 먹이 찾는 시범을 보인다. 엄마 까치가 말라 죽은 지렁이를 밟아 흔들어 먹기 좋게 뜯은 다음 먹는다. 막내가 옆에서 날개를 파닥거리며 입을 벌리며 보채지만 엄마는 아랑곳하지 않고 차분하게 계속 지렁이 먹는 법을 훈련한다. 멀리서 그 모습을 본 둘째가 쏜살같이 달려들어 입을 쩍 벌리고 쳐다보지만 엄마는 냉정하게 피한다.

1 1 이거는 엄마 밥이야.　2 먹이가 어디 있다는 거지?

2

엄마 까치의 모습을 지켜본 막내가 반 토막 난 지렁이를 가지고 엄마처럼 해본다. 고개를 갸우뚱거리며 흔들어 보고, 땅에 메치기도 하면서 조금씩 배워간다. 생각만큼 되지 않아 내팽개치고 쪼르르 엄마한테 쫓아가지만 엄마 까치는 무시한다.

부모 까치의 냉정함과 어린 까치들의 힘겨움이 느껴지는 시간이 점점 더 다가올 것이다.

남의 영역으로
발을 들여놓다

며칠 전부터 엄마 까치가 길을 가로질러 이웃집 영역으로 들어간다. 이웃집 까치는 새끼들이 독립할 시기가 다가와 영역에 대한 경계의 치열함이 많이 누그러졌다.

어린 까치 한 마리가 엄마를 따라가려고 나섰다가 길에 떨어진 먹이 하나를 찾았다. 길바닥 틈 사이에 끼어 있는 먹이를 꺼내 먹으려는 순간, 엄마 까치의 날카로운 소리에 놀라 떨어뜨린다. 공원 관리원이 쓰레기를 주워 담으며 지나가고 있다.

어린 까치는 먹이에 대한 집착이 더 앞서는지 피해서 달아나지 않고 주

🔖 영역 경계선에서 먹이를 발견한 어린 까치는 엄마 까치의 경계 소리가 들려도 먹이에 집착한다.

춤거리며 주변을 서성거린다. 관리원이 지나가자 소리를 내면서 급하게 다가와 떨어뜨린 먹이를 찾아 먹는다. 한두 번 더 먹이를 찾더니 엄마 까치를 따라 경계선을 넘지 않고 아빠 까치가 있는 안전한 곳으로 돌아온다. 언제부터인지 모르게 슬금슬금 이웃집 경계선을 한 발짝 한 발짝 넘나들기 시작한다.

또다시 엄마 까치가 어린 까치를 데리고 당당히 산책로를 건너 옆집 영역으로 발을 들여놓는다. 자연스럽게 먹이 활동의 영역이 넓어진다. 이제는 옆집 땅으로 발을 옮겨도 그리 큰 문제가 되지 않는다는 것을 부모 까치는 이미 알고 있다. 그러기를 자연스럽게 몇 번 반복하면서 어린 까치들도 활동 범위를 넓힌다.

🐦 영역의 경계선이 사라지자 어린 까치들이 여기저기 다닌다.

1 같이 놀아요. 2 너 누구니? 못 보던 얼굴인데. 1 2

이웃집(1구역)을 다녀온 후 한 시간이 지나자 첫째가 용감히 이웃집 형들의 놀이터로 날아간다. 이웃집 어린 까치와 태어난 날이 14일이나 차이 난다. 꽁지깃도 아주 짧고 행동도 동생 티가 확 난다. 그러나 인물은 동네 까치 중의 으뜸이다.

호기심 많은 첫째는 부리로 이상한 장난감을 가지고 노는 이웃집 까치를 빤히 쳐다보며 신기한 듯 고개를 갸웃거린다. 조금 낯선 녀석이 빤히 내려다보고 있는 걸 알아챈 이웃집 형들이 가까이 다가와 '너 누구니? 아주 잘생겼는데' 하며 '까각 가각'거리자 첫째는 놀라서 얼른 부모 품으로 돌아온다. 그 녀석, 배짱 한번 두둑하다.

이틀 뒤, 엄마 까치가 어린 까치 두 마리를 데리고 길을 가로질러 또 이웃집 땅으로 들어간다. 오늘은 제법 당당하다. 그때 넥슨 사옥 옥상에서 경계를 서고 있던 이웃집 까치 부부가 쏜살같이 내려와 쫓아낸다. 그러자 자기네 구역으로 피하지 않고 경계선으로 날아와 배짱 두둑하게 먹이 활동을 한다.

이웃집 까치 부부는 아직 어린 까치들이 완전하게 독립하지 않은 상태라 아주 멀리서 간간이 보살피는 중이다.

뱁새 가족도
둥지를 떠나다

　무더위가 두려울 정도로 계속되고 있다. 기후 교란이란 말이 실감 난다. 그래도 우리가 무관심한 곳곳에서는 끊임없이 생명이 탄생하고 있다. 까치 둥지 바로 아래 놀이터와 사람이 다니는 경계선에 울타리로 사철나무를 심어 놓았다. 놀이터에 사람들이 수없이 들락거려도 해마다 뱁새는 이곳에 둥지를 튼다. 뱁새는 무심한 사람들은 적이 아니라는 것을 일찌감치 알고 있었던 것이다.

　며칠 전부터 눈여겨보던 사철나무의 뱁새 둥지가 심상치 않다. 갑자기 새끼들이 부산하게 움직이더니 여섯 마리가 어미의 신호에 따라 둥지를 떠나고 있다! 뱁새는 놀이터에 사람이 모여들기 시작하는 시간을 피해서 아침 일찍 둥지를 떠나는 모양이다.

🔖 씩씩하게 둥지에서 나온 어린 뱁새. 꽁지가 무척 짧다.

놀이터 의자에 앉아 있는데 계속 귓가에 뱁새 소리가 '비비비 비비비 비'거리며 아주 가늘고 작게 들려온다. 나는 어미가 새끼들을 부르는 소리로 생각하고 무심히 흘려듣는다. 그런데 한 시간이 지나도 계속 들려와 이상히 여겨 자세히 살펴본다.

아이고, 저런! 새끼 한 마리가 부모를 따라가지 못하고 사철나무 가지를 붙잡고 지치도록 울어댄다. 어미 뱁새의 소리가 아니라 새끼 뱁새가 어미를 부르는 소리였다.

딱새 새끼에 대한 아픈 기억이 떠올라 마음이 아파 온다. 무리에서 낙

오하면 고양이나 까치의 먹이가 되기 때문이다.

쉬지 않고 한 시간을 넘게 어미를 부르는 소리가 정신없이 다른 새끼를 돌보는 어미 뱁새의 귀에 들렸나 보다. 어미가 다시 둥지 근처로 날아온다. 이소 후 한 번도 먹이를 받아먹지 못하고 울다 지친 새끼가 기운이 있을 리 없다. 그래도 어미는 먹이를 주지 않고 신호를 보내면서 새끼를 사철나무에서 불러낸다.

새끼는 사철나무 밑동에서 한 걸음 한 걸음 간신히 나뭇가지를 잡고 어미의 신호에 따라 이동한다. 폴짝 날다가 멈추고 폴짝 날다가 멈추기를 수없이 반복하며, 겨우 형제들이 있는 명자나무에 도착한다. 나의 걸음

↘ 미처 어미를 따라가지 못한 어린 뱁새

으로 서너 걸음도 안 되는 거리를 30분이나 걸려서 이동했다.

'아가 뱁새야, 이제부터는 어미 뒤만 졸졸 따라다니면서 먹이도 많이 받아먹고 무럭무럭 자라거라.'

늦은 오후에 새끼들이 떠난 둥지를 살펴본다. 세상에, 둥지가 어쩜 이렇게 깨끗할까! 이소할 때쯤이면 둥지 가장자리에 새끼 똥의 흔적이 조금이라도 있을 줄 알았는데 전혀 없이 깔끔하게 비어 있다. 두 손으로 둥지를 감싸 안고 둥지 속에서 일어났던 일들을 파노라마처럼 느껴본다. 생명의 존귀함이 마음속 깊이 뜨거운 감정을 타고 흐른다.

잠시 숨 고르기를 하며 시선을 돌리다가 몇 발짝 옆으로 다른 뱁새 둥지가 눈에 띈다. 빈 둥지이지만 새 둥지 같은데 완성된 느낌이 아니다. 나는 잠시 놀이터 의자에 앉아서 이 둥지의 주인이 나타나기를 기다리며 숨죽이고 있는데, 바로 내 앞 머루 넝쿨에서 넝쿨 껍질을 부리로 벗겨내는 뱁새 한 쌍이 보인다. 껍질을 부리 가득 물고 사철나무로 쏙 들어간다. 열심히 둥지를 완성해 가고 있다. 오늘, 떠남과 만남의 행복이 교차하는 순간을 마음속에 고이 담아둔다.

며칠 뒤, 사철나무의 뱁새 둥지가 궁금하여 뱁새가 없는 틈을 타 살짝 들여다본다.

어머, 세상에! 푸른빛을 띤 알이 세 개 놓여 있다. 아마도 첫 산란은 이

🐦 머루 넝쿨 껍질을 벗겨 모으는 뱁새 한 쌍

🪶 보석 같은 알이 세 개 놓여 있다.

틀 전에 한 것 같다. 어쩜, 알에 저렇듯 푸른빛이 돌까? 마치 에메랄드가 놓여 있는 것 같다. 이제 매일매일 옥빛 알이 하나씩 둥지를 채워 나갈 것을 생각하니 마음이 보석으로 가득 채워지는 기분이다.

　더위와 함께 어린 까치들의 하루도 변함없이 시작된다. 부모 까치는 공원을 크게 날아 한 바퀴씩 둘러보고 온다. 새끼들이 쑥쑥 커가고 있으니 생각이 많을 것이다. 오늘은 어린 까치들이 옥상에서 먹이 활동을 주로 한다. 여전히 먹이 찾기가 쉽지 않지만 형제들끼리 부리로 깃털을 다듬어

주고 서로 비비며 형제애를 돈독히 다진다.

　어린 까치 한 마리가 중국단풍의 죽은 가지에 앉아 깃털을 다듬고 있는데, 직박구리 한 마리가 옆으로 내려앉는다. 덩치에서 밀리지 않는 어린 까치가 겁 없이 직박구리를 쫓아내려고 하다가 오히려 공격을 당한다. 아직 날렵하지 못해서 직박구리에게 밀리고 만다.

　그때 아빠 까치가 어느 방향에서 날아오는지 알 수 없을 정도로 쏜살같이 날아와 직박구리를 쫓아낸다. 이렇게 부모 까치는 어디선가 늘 새끼

　수호천사 아빠 까치

들을 주시하고 있다가 수호천사처럼 나타나 지켜준다.

이렇게 하루가 무사히 지나가는 줄 알았는데 호숫가 버드나무에 큰부리까마귀가 어린 새들을 데리고 내려앉는다.

늦은 오후, 한바탕 동네 까치들의 소리가 한참 들썩인다.

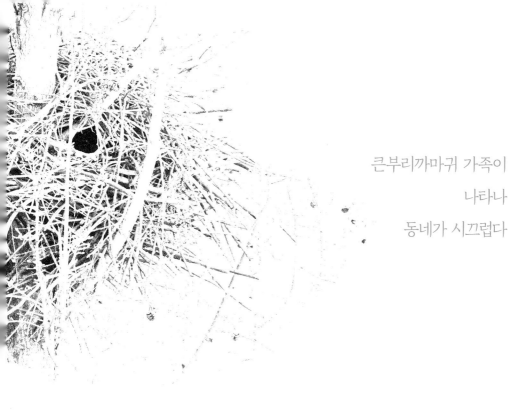

큰부리까마귀 가족이
나타나
동네가 시끄럽다

해 질 무렵, 오늘도 큰부리까마귀가 호숫가 안쪽 버드나무에 앉았다가 날아간다. 그 버드나무가 있는 장소는 지금까지 조용했던 것으로 보아 특정 개체의 까치 영역은 아닌 모양이다. 어느덧 큰부리까마귀가 어린 새를 데리고 다니며 훈련 중에 꼭 한 번 들렀다 가는 길목이 되었다. 그래서일까, 그 장소는 해 질 녘이 되면 동네 까치들이 모두 모여들어 조용할 날이 없다.

관찰 93일, 이소 20일

오후 5시 40분, 텃밭이 갑자기 소란스럽다. 큰부리까마귀가 주변을 비행하다가 어린 큰부리까마귀를 데리고 텃밭에 내려앉는다. 어린 까치를 키우는 까치 영역에 내려앉았으니 이 영역의 주인 까치가 전투태세에 돌입한다. 새끼들을 데리고 내려앉은 큰부리까마귀도 가만있을 리 없다. 10여 분간 실랑이 끝에 큰부리까마귀가 새끼들을 데리고 어디론가 날아간다.

한바탕 전쟁을 치르고 한숨 돌리는가 싶었는데, 근처에서 독립한 청소

🔾 대치 중인 큰부리까마귀와 까치

년 까치가 영역으로 들어온다. 또 잠시 시끄럽다가 곧 일상으로 돌아온다. 긴장이 풀린 어린 까치들이 밥 달라고 부모를 보채는 평화로운 일상을 되찾으면서 하루가 저문다.

다음 날 오후 6시 20분, 어스름 해질 녘에 '과~악 과~악' 하는 소리와 함께 큰부리까마귀 가족이 버드나무에 내려앉는다. 다섯 마리가 버드나무에 내려앉으니 가지가 땅에 닿을 듯 휘청거리며 춤을 춘다. 저녁노을이 물드는 시간에 온 동네에 비상이 걸린다.

큰부리까마귀 어린 새는 몰려든 까치들이 귀찮게 해도 대꾸도 하지 않고 형제애를 과시한다. 서로의 부리를 맞대기도 하고, 늘어진 버드나무 가지를 부리로 잡아당겨도 보고, 이파리를 따서 장난을 치며 여유롭게 앉아 있다. 그렇게 놀다가 어미가 먹이를 가지고 오면 큰 덩치에 어울리지 않게 '그~악 그~악'거리며 보채는 모습이 정말 묘하다.

청소년 까치 세 마리가 홀로 앉아 있는 어린 큰부리까마귀를 공격한다. 모여든 까치들도 이제 막 독립한 청소년 까치로 보인다. 직접 공격은 하지 않고 주변의 나뭇가지로 날아다니거나 어린 큰부리까마귀 주변을 날아다니며 성가시게 군다. 어린 큰부리까마귀가 조금 짜증이 나는지 까치에게 공격 행동을 보이며 다른 나뭇가지로 옮겨 앉는다.

그 자리에 까치 세 마리가 날아와 서로 동료애를 과시한다. 단합된 힘을 보여주기 위해 나뭇가지에 부리를 비비고, 이파리를 따면서 장난도 친다. 그 행동이 큰부리까마귀와 비슷하다. 까마귀과의 특징일까? 그러다

🐦 신경전을 벌이는 모습

오후 7시가 넘어서자 큰부리까마귀 가족이 어디론가 날아간다.

그다음 날 오후 6시 10분쯤, 버드나무 가지가 출렁거리고 까치들의 소리가 요란하게 공원에 울려 퍼진다. 큰부리까마귀 가족이 방문했다는 신호다. 오늘은 버드나무에 내려앉자마자 바로 살구나무로 옮겨 앉는다.

어느새 살구가 익어가고 있다. 어린 큰부리까마귀가 살구나무에 앉아서 빨갛게 익은 부분을 부리로 콕콕 찍어 먹는다. 별로 맛이 없는 듯한 표정이다.

오후 7시 20분, 큰부리까마귀 가족이 버드나무에 앉아 있자 동네 청소년 까치들이 모두 모여드는 듯하다. 20여 마리가 큰부리까마귀 주변을 삼삼오오 날아다니며 큰부리까마귀들 정신을 쏙 빼놓다가, 10분 뒤 누가 먼저랄 것도 없이 까치들이 우르르 숲으로 흩어져 날아간다.

잠시 후 까치들이 큰부리까마귀 주변의 나무들로 날아와 이리저리 옮겨 다니며 앉았다가 7분 뒤에 다시 뿔뿔이 흩어져 날아간다. 그러기를 몇 차례 반복한다. 동네 청소년 까치들이 모여드니 마치 까치 학교가 세워진 느낌이다. 이런 기회에 까치들이 서로 사회성을 키워가는 훈련의 한

🗤 살구나무에 내려앉은 어린 큰부리까마귀

🦅 큰부리까마귀 가족이 방문하자 모여든 청소년 까치들

방법처럼 보인다.

　해가 완전히 지고 어둠이 깔리자, 큰부리까마귀 가족도 한 마리씩 이
동한다. 갑자기 적막이 흐르고 사람들의 발길도 뚝 끊긴다.

　그 후로도 한동안 매일 한 번씩 여기저기 내려앉아 까치 동네를 들썩
거리면서 지나간다.

아빠 까치,
참새 아파트를
공격하다

🖋 관찰 98일, 이소 25일

이른 6시다. 사철나무 뱁새 둥지에 어미가 보이지 않아 살짝 엿보니 옥빛 보석 같은 알이 다섯 개나 된다. 마음이 부자가 된 것 같다. 내일을 기대하니 무더위도 잠시 잊는다.

날씨가 무척 더워 공원 공기에 숨이 턱턱 막힌다. 어린 까치들도 아침부터 입을 벌리고 헉헉거리며 그늘을 찾아 헤맨다. 어미는 먹이 찾기가 힘든지 지하주차장 쓰레기장을 하루에 한두 번씩 들락거린다.

새끼들을 키우느라 까치 부부가 함께 있는 모습을 보기가 힘들었는데, 오늘은 오랜만에 함께 있는 모습을 본다. 보기 좋다. 서로 부리를 맞대며 정말 고생했다고 위로와 격려를 주고받는 모습이다. 수컷은 머리 부분의 깃털이 거의 다 빠진 상태다. 암컷은 아직 깃갈이를 시작하진 않았지만 깃털이 닳고 해져 자식 키울 때의 내 모습이 떠올라 마음 한구석이 짠하다.

까치 부부의 다정한 시간도 잠시, 옆에서 어린 까치 하나가 배고프다고 조른다. 어느덧 어린 까치들이 아주 의젓하게 자라 곳곳을 다니며 먹이 활동을 잘한다. 첫째는 나무줄기에 올라가 거미줄이 쳐진 나무 구멍에 부리를 넣고 먹이 사냥을 한다. 이제 다 컸다는 생각이 들 만큼 당찬 행동이다. 부모 까치는 옥상 난간에 앉아서 대견하다는 소리를 보낸다. 먹이를 찾는 모습도 늠름하다.

🔨 거의 다 빠진 아빠 까치의 머리 부분의 깃털

조용하던 참새 아파트가 갑자기 소란스럽다. 느닷없이 아빠 까치가 참새 아파트 난간에 날아올라 앉아 이 둥지, 저 둥지 다니면서 부리를 넣어 본다. 놀란 참새들이 우르르 몰려나와 나무마다 숨어든다.

숨어든 참새들이 몸을 한껏 부풀리고, 벌들이 집단으로 모여 붕붕거리는 것 같은 긴급 사이렌 소리를 낸다. 아주 절박함이 묻어나는 소리다. 참새의 이런 소리는 처음 듣는다. 설마 했던 일이 내 눈앞에서 벌어지고 있다. 다행히 참새 아파트에 큰일은 벌어지지 않았지만 걱정스러운 장면을 보고 나니 마음이 너무 심란하다.

놀란 마음을 쓸어내리며 한숨 돌리는데, 이번에는 직박구리가 참새 아파트를 기웃거리고 있다. 직박구리의 난폭함은 익히 알고 있었지만, 둥지를 침범할 줄은 상상도 못 해 놀랍기만 하다. 나무 사이를 잘 날아다니는 직박구리는 참새가 지쳐서 날지 못할 때까지 쫓아가는데, 소름이 돋는다. 까치가 한두 번 집적거리다가 마는 행동과는 차원이 다르다.

이른 아침부터 살벌한 장면을 보고 나니 정신이 번쩍 들고 더위가 싹 가신다.

아침에 까치와 직박구리가 참새 아파트를 공격하는 것을 보고 나니, 걱정스러움에 마음이 심란하여 참새 아파트 주변을 구석구석 샅샅이 살펴본다. 그 순간 땅바닥에 떨어진 둥지 재료가 흩어져 있는 모습이 눈에 띈다. 이상한 생각이 들어 주변을 꼼꼼히 살펴보다 깜짝 놀라 가슴이 쿵 내려앉는다. 참새 새끼의 날개가 널브러져 있고, 사체가 훼손된 채로 나뒹굴고 있다!

찜찜함이 현실이 되어 내 눈앞에 펼쳐진다. 그러나 내가 직접 목격한 것이 아니기에 앞선 생각으로 범인을 단정 짓지 않기로 한다. 바닥으로 떨어진 새끼를 고양이가 훼손했을 수도 있다. 이 동네 고양이도 늘 사철나무 속에 숨어들어 기회를 엿보는 새 사냥꾼이기 때문이다.

1 아빠 까치가 참새 둥지를 기웃거린다.   1

2 직박구리도 기웃거린다.   2

홀로서기 할
시기가
다가오다

🐦 관찰 99일, 이소 26일

귀하디귀한 비가 내린다. 빗방울이 떨어지며 일으킨 흙 내음이 이렇게 좋을 수가 없다. 두 팔을 벌려 비를 흠뻑 맞고 싶다. 오전 8시쯤 되자 빗방울이 제법 굵어지기 시작하니 산천초목이 기지개 켜는 소리가 들린다. 친구는 식물들의 노랫소리가 들린다고 한다. 아침을 여는 빗소리가 뭇 생명들을 깨운다.

오늘은 큰부리까마귀의 소리가 나를 반긴다. 어린 큰부리까마귀의 소리가 급한 것 없이 느긋하게 들려온다. '가~악 가~악'거리며 느릿느릿 어미에게 먹이 달라는 소리다. '저렇게 울어서야 어미에게 먹이를 받아먹을 수 있을까?' 하는 착각을 일으킬 정도로, 내 귀는 여전히 날카로운 까치 소리에 아주 익숙하다.

버드나무에 앉아서 까치들이 오면 쫓아내고, 형제들끼리 장난도 치며 여유롭게 놀고 있다. 오래전부터 뇌리에 박혀 있는 까마귀에 대한 선입견과는 달리 행동이나 소리가 훨씬 더 마음에 든다. 휘청거리는 나뭇가지에 균형을 잡고 앉아 있는 모습이 신기하고 사랑스럽다.

이제는 까치들이 그리 심하게 공격 태세를 보이지 않는다. 아마도 까마귀과의 먼 친척이라는 것을 인정하는 데다가 동네 어린 까치들이 대부분 독립하여 영역에 대한 경계가 허물어지는 시기와도 맞물리는 것 같다.

빗소리를 뚫고 배고프다는 어린 까치들의 소리가 허공을 맴돈다. 어린 까치가 옥상 정원의 다래나무 덩굴에 앉아 깃털을 다듬다가 빗방울이 감당이 안 되는지 연신 깃털을 턴다. 가까이 있는 직박구리와 신경전을 벌이며 그렇게 비를 맞고 있다.

🐦 드넓은 잔디밭을 누비고 다니는 어린 까치들

어느덧 어린 까치들의 꽁지깃도 쑥 자랐다. 그래도 여전히 먹이 달라고 어미를 졸졸 따라다니며 조른다. 그러나 어미는 모른 척하며 열심히 먹이를 찾아서 먹는다. 어린 까치가 달려오면 피해 달아나기를 반복하며 하루를 보낸다. 어린 까치들도 나름대로 열심히 먹이를 찾아다닌다.

🖋 관찰 101일, 이소 28일

덩치가 어미 까치만 하게 자란 어린 까치 한두 마리는 여전히 부모 까치를 졸졸 따라다닌다. 그러나 대부분 각자 먹이를 찾는다. 만물이 무더위에 지쳐 헉헉거리는 소리가 아침부터 들린다.

🔨 아빠 따라 졸졸졸

나도 모르게 입을 벌리고 헉헉거리며 덥다는 소리가 무의식적으로 계속 나온다. 이 무더위에 어린 까치들이 먹이를 찾아 헤매는 모습이 무척 안쓰럽다.

소나무에 어린 새끼가 아빠와 나란히 앉아 있다. 입을 쩍쩍 벌리며 아빠를 쳐다보는 모습을 보니 어린 시절 한 편의 그림 같은 장면이 떠오른다. 수채화 도구를 챙겨 나를 자전거 뒤에 태우고 집 앞 개울가로 그림을 그리러 다니시던 친정아버지와의 추억에 가슴 뭉클해지는 아침이다. 아버지가 그림 그리는 것을 싫어하는 어머니의 잔소리 덕분에 정겨운 추억이 많아서 너무 좋았던 어린 시절이었다.

🪶 아빠 까치와 다정하게

1, 2 엄마, 여기는 위험한 곳이야?

3, 4 뒷모습이 무척 닮았어요.

개미 목욕하는
어린 까치

공원과 길을 구분하기 위해 대리석으로 경계석을 쭉 둘러놓고 그 안쪽
으로 서양측백나무를 심어 놓았다. 그 사이사이로 들풀이 나름 터를 잡
고 자라고, 바람에 이리저리 휩쓸리다 날아온 쓰레기들이 여기저기 나뒹
굴고 있다.

그런 장소에 이웃집 어린 까치 한 마리가 널브러져 있는 모습에 화들
짝 놀란다. 다른 한 마리는 그 옆에 머뭇거리며 서 있다. 나는 어린 까치
가 죽은 줄 알고 다가간다. 순간 널브러져 있던 어린 까치가 벌떡 일어나
날아가지 않고 주변을 서성거린다. 일광욕을 하고 있었나?

다시 두 마리가 널브러진다. 날개를 반쯤 펴고 아주 시원하다는 표정으로 한참을 엎드려 있다. 그러다 사람이 지나가니 일어나 약간 경계하는 듯 옆으로 잠시 비켜서 있다가 또다시 같은 행동을 되풀이한다. 더 재미있는 장면은 한 마리는 적극적으로 행동하는 데 반해, 다른 한 마리는 조금 소심하게 행동한다. 다른 한 마리가 경계석에 몸을 엎드릴 때, 이리저리 살피며 조심스럽게 따라 하고, 일어날 때도 먼저 일어나 옆으로 얼른 비켜선다. 한참을 그러다가 자전거가 지나가자 두 마리 모두 푸드덕 날아가 나뭇가지에 올라앉는다. 또다시 내려올까 숨죽여 기다려도 내려오지 않고 다른 곳으로 날아간다.

나는 잰걸음으로 어린 까치들이 엎드렸던 자리로 간다. 자세히 보니 엄지손가락만 한 모래성 두 개가 살짝 뭉개져서 둥그스름한 모양새다. 그 옆을 살펴보니 뭉개지지 않은 개미집이 서너 개가 더 있다. 그 위 구멍으로 개미들이 들락날락하는 것으로 보아 아주 작은 개미집이다. 어린 까치 두 마리가 사이좋게 두 개의 개미집 구멍에 나란히 엎드려 개미 목욕 중이었다!

까치가 개미집을 헤집으면 성난 개미들이 방어 작용으로 개미산을 뿜는다. 까치는 그 개미산을 맞아서 깃털 속에 기생하는 진드기 등을 살균하는 효과를 얻는 것으로 알고 있다. 까치가 개미 목욕하는 것을 이렇게 직접 본 것은 처음이라 무척 신기했다. 어린 까치들이 개미집을 파헤치지 않고 작은 개미집 구멍에 몸을 대고 엎드려 있었으니, 그 행동이 너무 귀여워서 어쩔 줄 모르겠다.

조심스럽게 개미 구멍에 엎드려서 뭘 할까요?

아마 개미집을 헤집는 것이 두려웠을 수도, 헤집는다는 것을 미처 알지 못했을 수도 있다. 어미 까치의 모습을 보고 배웠을 수도 있고, 본능적으로 할 수도 있을 것이다. 호기심 가득한 어린 까치가 너무나 사랑스럽다. 배우고 익혀 행동으로 보여주는 어린 까치에게 박수를 보낸다.

독립한
동네 청소년 까치들

　늦깎이 까치 부부의 새끼 까치들은 동네 여느 까치들보다 아주 많이
늦다. 길게는 한 달가량 차이가 나기도 한다. 동네 어린 까치들은 대부분
독립하여 또래끼리 몰려다니며 생활한다.

　오늘도 늦깎이 까치 가족은 먹이를 찾아 자기 영역 곳곳을 다닌다. 텃
밭에 낯선 까치 한 마리가 불쑥 나타나자 바로 쫓아내긴 해도, 그렇게 예
민한 반응은 보이지 않는다. 이 영역 주인인 늦깎이 까치 부부도 어린 까
치들이 독립할 시기가 가까워짐을 아는 것 같다.

　부모 까치의 오랜 훈련의 결과 어린 까치들은 사람을 가장 경계한다.
무심히 산책하며 지나가는 사람만 보여도 멀찌감치 도망간다. 부모 까치
들은 멀리서 지켜보며 새끼들에게 위험 상황이 닥치면 쏜살같이 날아와

1, 2, 3 바로 옆집(1구역)의 독립한 까치 형제들
4, 5 소나무 집(3구역)의 독립한 까치들
6, 7 작은 숲(4구역)의 독립한 까치 형제들

1	2	3
4	5	
6	7	

1 독립한 청소년 까치들이 협동으로 큰부리까마귀 가족을 물리치고 있다.
2 서로 잘했다고 위로와 격려를 보낸다.

보호해주는 정도다.

1구역 안에 까마귀 가족이 내려앉자 어미 까치가 쏜살같이 날아오니 다 자란 어린 까치들이 줄줄이 모여들어 힘을 보태고, 소나무 집(3구역) 까치들도 합세하면서 힘을 모아 함께 살아가는 방법을 배우는 중이다.

독립을 위한
호된 신고식

🐦 관찰 113일, 이소 40일

열흘 동안 해외로 나갔던 터라 관찰을 하지 못했다. 이웃집 까치의 독립 시기가 40여 일이 넘어 혹시나 하는 기대로 새벽에 도착하자마자 공원으로 달린다.

까치들의 경계 소리가 거의 사라져 동네가 조용하다. 동네 까치들은 거의 보이지 않지만, 늦깎이 까치 부부의 어린 새끼들은 여전히 부모 곁을 맴돌며 서성거린다. 홀로서기를 위한 기간이 상당히 길어 놀랍다. 어느덧 어린 까치들 꽁지깃이 다 자라고 덩치는 부모보다 더 커 보이지만, 어미는 깃갈이 중이라 몰골이 말이 아니다.

오늘은 부모 까치의 행동이 조금 다르다. 사춘기 아이들처럼 뺀질거리듯 청소년티가 흐르는 어린 까치들이 여전히 부모를 보면 습관적으로 입을 벌리며 달려든다. 그러자 부모는 먹이는커녕 막 쫓아낸다. 다른 까치 가족이 영역을 침범해 쫓아내기라도 하듯 부모의 행동이 매몰차다. 쫓아내면 달려들어 먹이 달라고 보채고 또 달려들어 보채도 부모는 쫓아내는 행동을 여러 차례 반복한다. 심지어 어린 까치가 먹이를 찾아서 먹으려는 순간, 부모가 빼앗으려고도 한다.

독립을 시키기 위한 부모 까치의 냉정한 모습에 어린 까치가 당황했는지 오히려 더 보채며 달려든다. 그 모습이 마치 엄마에게 떨어지지 않으려고 발버둥 치는 어린아이 같아 안쓰럽다. 그러다 각자 뿔뿔이 흩어져 먹이 활동을 하다가 다시 모여들고, 멀리까지 다니며 영역을 떠날 마음의 준비를 하는 것 같다.

아주 가끔 부모 까치는 멀리서 지켜보며 어린 까치들에게 위험 상황이 닥칠 것 같으면 쏜살같이 날아와 어린 까치의 수호천사가 된다. 구역에 까마귀 가족이 내려앉자 부모 까치가 번개같이 날아와 방어를 하자 어린 까치들이 줄줄이 날아와 힘을 보태며 앞으로 살아갈 지혜를 배우기도 한다.

오후 들어 어린 까치들이 독특한 행동을 보인다. 느닷없이 자기들이 태어난 둥지로 날아와 아쉬운 듯 둥지 주변을 맴돌며 부리로 둥지의 나뭇가지를 콕콕 찍고 둥지에 앉기도 하면서 오랫동안 머문다. 문득 새끼들이 둥지를 떠난 날, 엄마 아빠 까치가 조바심치며 둥지를 왔다 갔다 하며 안절부절못하던 모습이 떠오른다.

그러나 둥지 안으로 들어가지는 않는다. 먼 길 떠나는 아이처럼 뒤돌아보며 차마 발길을 돌리지 못하는 모습이 떠오르는 장면이다. 몇 번을 둥지로 왔다 갔다 하는 모습이 부모 품을 떠날 준비가 되었음을 알리는 신호처럼 느껴진다.

어느새 해가 기울고 주변이 조용하다.

🐦 관찰 114일, 이소 41일

공원에 영역의 의미가 사라졌다. 첫째와 둘째는 부모 곁을 맴돌지 않고 자유로이 먹이 활동을 한다. 밥 달라고 보채는 소리도 들리지 않고, 부모와 마주쳐도 남남처럼 다니며 먹이 활동을 한다. 그러나 셋째는 아직도 부모 품에서 완전히 떠나지 못한 것 같다. 덩치는 아빠 까치보다 더 큰 셋째가 온몸이 깃갈이 중인 아빠 까치에게 먹이를 한두 번 받아먹는 모습이 보인다.

그다음 날, 전국이 무더위에 지쳐 몸살을 앓고 있다. 사람도, 산천초목도, 뭇 생명체도 모두 무더위에 지칠 대로 지쳐 있다. 옆집, 아랫집, 이웃집 등 공원을 공유한 주변 까치들의 모습이 보이지 않는다. 부모 까치에게 완전한 독립을 하여 공원이 조용하다. 까치 소리도 들리지 않는 공원에는 적막감이 흐른다.

어쩌다 보이는 딱새도 입을 벌리고 헉헉대고 있다. 두려움을 느낄 정도

🦅 아빠 까치보다 더 크게 자란 셋째가 먹이를 받아먹는다. 마지막 먹이로 보인다.

의 무더위가 공원을 삼켜 버렸다. 막내도 보이지 않고 부모도 보이지 않는다. 늦둥이 까치 삼 형제도 또래 학교에 입학해서 재미있게 사회 생활을 하고 있겠지?

독립한 늦깎이 까치 부부의 새끼들을 혹시나 만날 수 있을까 틈만 나면 공원을 둘러본다. 화랑호수에는 독립한 새들의 가슴 설레는 모습이 많이 눈에 띈다. 독립한 물총새와 독립한 알락할미새가 서로 부대끼지 않고 같은 공간에서 잘 지내고 있다. 이 친구들은 먹이 습성이 달라 갈등이

　🔖 무더위에 헉헉거리며 깃갈이 중인 딱새 수컷

일어나지 않는가 보다.

　어미 흰뺨검둥오리와 새끼도 호수에 가로놓인 죽은 나무에서 한가로이
시간을 보내고 있다. 그 많은 새끼들은 다 어디다 두고 한 마리만 데리고
다니니? 흰뺨검둥오리야, 너에게 무슨 일이 일어났는지 물어보면 마음이
찢어질 것처럼 아프겠지? 한 마리만이라도 잘 키우길 힘차게 응원할게!

1 1 독립한 물총새와 독립한 알락할미새가 사이좋게 앉아서 한참을 잘 놀고 있다.

2 2 흰뺨검둥오리는 새끼를 보통 열 마리 이상 데리고 다녔는데 순식간에 한 마리만 남았다.
주변 고양이에게 당했나 보다.

아직, 나는 까치와
이별하지 못했다

새끼들을 키우려고 치열했던 영역 다툼의 소리가 사라진 공원은 조용하다. 치열한 삶의 터전이 고요한 땅으로 변했다. 새끼를 키워낸 까치 부부는 다시 한번 자신과의 싸움을 벌이고 있다. 잎이 무성한 나뭇가지에 몸을 의지한 채 깃갈이를 한다. 깃갈이 하는 더벅머리 까치들이 먹이 찾는 모습이 가끔 보일 뿐이다.

늦깎이 까치 부부는 새끼들의 육아 중반부터 깃갈이를 시작해서 더 마음이 짠했다. 이 까치 부부는 멀리 가지 않고 주로 새끼를 키워낸 둥지 근처에서 몸을 숨긴 채 지내고 있다.

아직 나는 까치와 이별을 하지 못했다. 하루에 한 번 꼭 공원을 둘러보고 까치 둥지도 몇 번씩 올려다본다. 공원을 거닐며 어쩌다 까치 깃털이라도 하나 주우면 '누구의 깃털일까?' 두리번거리며 살핀다. 어딘가에 몸

267

✎ 깃갈이 중인 암컷(위) 수컷(아래)

을 숨기고 깃갈이로 힘겨운 시기를 보내고 있을 까치 부부에게 내년에도
만나자고 혼잣말을 한다.

9월의 어느 날, 또래끼리 모여 까치들이 재미있게 놀고 있다. 까치가 산

🔨 공원에 떨어진 깃털을 모아보았다. 날개깃과 꽁지깃이 눈에 잘 띈다.

딸나무 열매를 따서 발가락으로 움켜쥐고 부리로 조금씩 맛을 보며 먹는
다. 그러자 친구 까치도 산딸나무 열매를 가져와 똑같이 따라 한다.

　"친구 따라 강남 간다"는 말이 또래끼리 모인 까치와 너무 잘 어울린다.

🐦 친구야, 산딸나무 열매도 먹을 만하다.

알 수 없는 감정이 밀려와 마음이 요동을 친다.

　퇴근길에 우연히 하늘을 바라보는데 우리 아파트 꼭대기로 까치들이
몇 마리씩 무리 지어 계속 모여든다. 그 광경이 너무 신기하고, 분명 그
무리에 늦깎이 까치 부부의 새끼들도 있을 거라는 희망에 부풀어 아침저
녁으로 계속 살펴본다.

　언제부터인지 몇 마리씩 모여 있더니 입추가 지나자 그 수가 조금씩 늘
어나기 시작한다. 시간이 지날수록 점점 더 무리가 커진다. 그 무리의 세

계가 무지무지 궁금하다.

날이 저물면 까치 100여 마리가 아파트 꼭대기로 모여든다. 여덟 개 동인 아파트 단지에 까치들이 삼삼오오 무리 지어 날아와 주로 한두 동에 모여든다. 일찌감치 날아드는 까치들에는 우리네 부모들이 삶의 현장에서 열심히 일하고 돌아오는 모습이 연상되지만, 꾸물거리다 느지막이 날아드는 까치들에는 어릴 때 땅거미가 지도록 놀다가 꼬질꼬질한 행색으로 동생들과 함께 손잡고 집으로 돌아오는 나의 모습이 떠오른다.

해 뜰 무렵이면 까치 몇 마리가 아침 인사를 하는 듯한 소리로 신호를 보낸다. 그 소리에 몇몇 까치들이 바로 날아가고, 또 다른 까치들은 아파트 옥상 난간에 앉아 깃털을 다듬고 날갯죽지를 쭉 펴며 준비운동을 한 뒤 날아간다. 모여드는 시간이나 흩어지는 시간이 일몰과 일출이 기준인 듯하다. 모여들거나 흩어질 때 까치들은 아주 높이 날아올라 이동한다.

시간이 지나면 각자의 놀이터에 잘 도착했다는 신호인지, 여기저기서 까치들의 소리가 들리기 시작한다. 마치 사람들이 일터로 향하는 그림이 그려지는 멋지고 활기찬 풍경이다.

10월이 되자 무리가 줄어들기 시작하고 어느 때부터인가 아파트 옥상에 까치 무리가 보이지 않는다. 아마도 무리에서 짝을 만난 까치들이 하나둘씩 빠져나와 자신만의 영역을 갖는 것은 아닐까? 사회성을 지닌 동물이라는 것을 알게 되는 관찰이었다.

10월의 어느 날, 공원 벤치에 앉아 재미있게 놀고 있는 까치들을 무심

1 | 1 늦가을, 또래 까치들이 모여든다.
2 | 2 맛있어? 나도 좀 먹어보자.

히 바라보며 시간 가는 줄도 모른다. 누가 버렸는지 과자 봉지 하나가 나뒹군다. 까치 한 마리가 호기심을 보이며 머리를 과자 봉지에 박고 과자 부스러기를 먹는다. 그러자 흩어져 놀던 까치들이 한두 마리 모여들기 시작하더니 금방 십여 마리가 된다. 과자 봉지의 주인이 순식간에 바뀌어 서로 먹어보겠다고 시끌벅적하다. 천진난만한 아이들 같은 모습에 나도 모르게 입가에 미소가 번진다.

까치의 시선으로

바라본 세상

　우리에게 까치는 너무도 친숙한 새라서 까치의 행동에 관심을 갖거나 눈여겨보지 않는다. 반면, 까치들은 하늘을 높이 날아다니며 우리 주변을 탐색할 것이다. 그러면서 자연스럽게 우리의 행동들을 입력했으리라. 오랜 시간 같은 공간을 공유하며 나의 정보가 까치에게 입력되어 나에 대한 경계심도 사라졌을 것이라는 엉뚱한 생각으로 발전한다.

　까치만큼 높은 곳에서 내려다보지는 못하지만 이번 관찰은 나에게 까치 둥지를 만드는 과정을 온전히 볼 수 있는 아주 좋은 기회였다. 그 덕분에, 수만 분의 일도 안 되는 까치의 시선으로 내가 머무는 곳의 환경을 바라볼 수 있게 되었다.

　까치의 시선으로 바라보면서 그동안 내가 알지 못했던 많은 부분을 깨닫게 되었다. 내가 내려다본 까치의 영역은 번식기에 상상 이상으로 좁다. 과하지 않고 조금은 부족한 듯, 까치에게 제 새끼들을 키워낼 수 있을 만큼의 영역이 허락된다. 하늘도 자유롭게 다닐 수 없다. 다른 까치의 영역을 낮게 날아 지나가면 바로 경계의 소리와 함께 동네가 시끄러울 정도로 공격을 해서 쫓아낸다. 그러나 어느 정도 일정 높이로 날아서 지나갈 때는 별 반응을 보이지 않는다. 까치의 영역을 지나갈 때 일정 높이로 날아다녀야 소란이 일지 않는 것으로 보아 번식기에는 까치들 나름의 하늘 길이 정해져 있는 것 같다.

몇 년 전만 해도 까치들의 영역이 조밀하지 않아 대부분의 까치가 새끼를 네댓 마리 키우는 모습을 많이 보았지만, 지금 우리 동네 까치들은

🔨 어미가 부화되지 못한 알을 물고 나온다.

대부분 새끼를 세 마리 키우는 것으로 관찰된다. 알이 다 부화가 안 되었는지, 아니면 환경에 적응하여 한배에 알 세 개만 산란하는지 알 수가 없다. 오랜 기간의 관찰이 필요한 숙제다.

까치들은 올해도 각자의 영역에서 나뭇가지를 물어 나르며 둥지를 짓느라고 바쁘게 움직인다. 공원은 까치들이 둥지 지을 재료인 나뭇가지 하나 없을 만큼 깨끗하게 치워져 있다. 그래서인지 나뭇가지를 그 옆의 묵은 둥지에서 뽑아 쓰는 일이 많아졌다. 둥지의 중간에서 약간 아랫부분의 나뭇가지를 주로 뽑아 사용한 탓에 묵은 둥지들이 독특한 형태로 남아 있는 것이 많다.

올해도 포기하지 않고 둥지를 완성해 나가리라 믿어 의심치 않는다. 끈기와 포기를 모르는 까치의 대단함을 이미 겪었기 때문이다. 늦깎이 까치 부부는 올해 다른 영역의 까치들과 번식 일정을 맞추어 둥지를 짓기 시작했다. 한 가지 아쉬운 점은 둥지 입구를 지난해의 반대 방향으로 만들고 있다. '내가 작년에 조금 귀찮게 해서 그랬나?' 하는 생각에 피식 웃음이 나온다.

번식에 실패한 옆 동네 까치는 올해 둥지를 아슬아슬하게 나무 꼭대기에 지어 놓았다. 그야말로 그 누구도 접근하기 힘든 '스카이 캐슬'이다. 이유는 알 수 없지만, 바람에 가지가 꺾이지 않는다면 최고의 둥지다. 이 둥지의 주인은 지난해 10월에 옆 메타세쿼이아 아주 꼭대기에다 그 지난해에 지은 묵은 둥지의 나뭇가지를 빼서 기초 공사를 했다. 묵은 둥지의 나뭇가지를 모조리 빼다 사용했다. 그리고 지난해 번식에 실패한 둥지는 지붕 부분의 나뭇가지를 많이 가져다 사용했다. 흔적도 없이 사라진 둥지는 비록 관심이 있다 해도 꾸준하게 관찰하지 않으면 둥지가 있었다는 사실도 모른다.

생태계에는 정답이 없으며 환경이나 상황에 따라 많은 변수가 작용한다. 까치의 평균 수명은 1~10년으로 알려져 있다. 포란 기간은 어떤 해에는 24일 정도인가 하면, 또 어떤 해에는 30일 가까이 되기도 한다. 이소 기간도 27일 정도로 긴 해도 있다. 그리고 새끼 까치들이 둥지에서 나올 때 생각보다 바닥으로 떨어지는 경우가 적지 않아 마음이 많이 아팠다. 새끼들이 날 수 있는 능력이 되지 않은 시기에 땅으로 떨어지면 거의 죽거나 고양이 밥이 된다는 사실을 가슴 아프게 많이 겪었다.

새들의 소리가 가장 아름답다는 3~4월, 그 소리가 나는 애달프게 들린다. 그 시기가 지나도 계속 아름다운 노래를 부르는 새는 더 가슴 시리다.

나는 번식의 계절에는 새끼들의 소리가 계속 귓전에 맴돌아 소리에 예민하게 반응한다. 그 시기가 지나면 부모로부터 독립한 어린 새들이 무사히 잘 자라는지 틈 날 때마다 공원을 배회하며 안부를 물으러 다니는 것이 일상이 되었다. 무럭무럭 잘 자라는 어설픈 청소년 새라도 보면 그날은 최고로 행복한 날이다.

까치와 우리 민족 그리고 현실

까치가 울면 '좋은 소식과 손님이 온다'는 기억이 아직도 선명하다. 어릴 적 앞마당 나무에 까치가 앉아 있는 모습은 일상이었고, 어른들은 까치를 귀하게 여겼다. 나는 고사리 같은 두 손을 모으고 나무를 올려다보며 은근히 까치가 울어주기를 바랐다. 그 어린 시절이 떠오르면 웃음이 절로 나온다.

까치가 울면 부엌에서 아침 준비를 하다 말고 어머니는 "좋은 소식이 있으려나?" 하시며 미소를 지으셨고, 마당을 쓸던 아버지는 "오늘 손님이 오려나 보다" 하고 혼잣말을 하셨다.

이불을 뒤집어쓴 채 문지방에 턱을 고이고 "아버지, 왜요?" 하고 물으니 "까치가 울면 손님이 온단다" 하신다. 그러면 나는 더 이상 묻지도 않고 "아, 까치가 울면 손님이 오는 날이구나!" 하면서 바로 고개를 끄덕였다.

나는 까치가 울 때마다 부모님께 물어보았고, 부모님의 대답은 늘 한결 같았다.

　그렇게 세월이 흐르는 동안 수없이 까치 소리를 들으면서 나는 대를 이어 나의 아이들에게 "까치가 울면 손님이 온단다" 하고 자연스럽게 말해 준다. 나는 그 말이 당연한 것처럼 의문을 갖지 않았지만 우리 아이들은 달랐다. "엄마 왜요?" 하고 반문한다. "글쎄, 옛날부터 내려오는 말이니까" 하며 얼버무리며 답한다.

　나이가 들면서 나는 탐조의 세계에 빠져들었다. 탐조를 다니며 다양한 새들을 만나고 이론을 공부하면서 "까치가 울면 손님이 온다"는 말을 저절로 이해하게 되었다.

　까마귀과의 새들은 머리가 좋다고 한다. 텃새로 늘 우리와 이웃하며 살아온 까치는 같은 동네 사람들의 얼굴을 거의 인식한다고 한다. 그래서 낯선 사람이 동네에 들어오면 바로 경계의 소리로 '까각 까각'거리니, 동네 어르신들은 낯선 이가 곧 손님이라고 자연스럽게 터득한 지혜일 것이다.

　사실 까치는 우리 민족의 새라고 해도 과언이 아니다. 까치는 아주 먼 옛날부터 우리 민족의 정서에 녹아 들어와 사랑받았다.

　이렇듯 우리나라는 까치를 가장 친근하고 좋은 소식을 가져다주는 전령사로 민화에도 등장하며, 서민들에게 위로가 되는 새로 그 존재감이 대단했다. 우리 민족의 정서에 깊이 자리 잡은 까치는 동네 입구 나무에

민화 〈까치와 호랑이〉에 등장하는 까치는 기쁨을 상징한다. 새해를 맞아 기쁜 소식을 전해 주는 까치를 그려 한 해 동안 좋은 일만 있기를 기원하는 의미가 담겨 있다.(사진 출처: 국립중앙박물관)

평화롭게 앉아서 마을을 지켜주는 진또배기('솟대'의 강원도 사투리) 역할을 하였던 것이다.

그렇게 긴 세월 동안 사랑받아 온 까치의 터가 사라지면서 이제는 사람과 부딪치는 관계가 되었다.

사람은 사회 환경에 적응을 잘해야 성공한다고 한다. 지구상의 모든 생명체들도 마찬가지일 것이다. 그 가운데 하나가 까치다. 인간의 삶에 깊이 파고들어 적응에 완벽하게 성공한 생명체가 되었다. 그렇게 되기까지 인간의 도움이 컸다고 생각한다. 하지만 그 완벽한 적응이 미움을 받기 시작하여 언젠가부터 천덕꾸러기 신세가 되어 한 마리에 얼마라는 식의 돈으로 환산되는 지경에 이르렀다.

오랜 세월 동안 길조로 귀하게 여겼던 새가 지금은 잡새로 밀려나 천덕꾸러기가 되었다. 그러나 까치는 엄연한 계통이 있는 생명체다. 동물계-척삭(척추)동물문-조류강-참새목-까마귀과-까치, 그리고 학명은 *Pica serica*, 영어 이름은 Oriental magpie 또는 Korean magpie이며 우리말 이름(국명)은 까치다.

이제 "까치가 울면 동네에 반가운 손님이 온다"는 말은 기억 저편의 아련한 추억으로 남아 옛이야기가 되어간다.

모양이 다양한 까치 둥지

까치가 둥지를 트는 나무 종류가 궁금하여 주변을 살펴보니 신갈나무, 벚나무, 은행나무, 메타세쿼이아, 소나무, 느티나무 등 둥지를 버텨낼 수 있는 나무는 모두 이용한다. 그러나 화랑공원 주변에는 선호하는 나무를 찾기 힘들다.

까치는 침엽수보다는 활엽수에 주로 둥지를 트는 것으로 알려졌는데, 공원 주변으로 나무 형태가 제대로인 활엽수가 많지 않아 의외로 소나무에 튼 둥지가 많다. 영역 안에 둥지 틀 나무가 마땅치 않으면 묵은 둥지 위에 새 둥지를 지어 2층, 3층 모양새가 되기도 한다.

둥지를 트는 나무의 형태에 따라 둥지 모양이 다양하고, 그 모양에 따라 둥지 입구가 결정된다.

둥지 외형이 거의 완성된 시점에 둥지 아래를 보면 떨어진 나뭇가지가 수두룩하다. 땅에 떨어진 나뭇가지를 세어보니 400개가 넘는다. 둥지 짓기 전부터 이미 떨어져 있는 가지들을 감안하더라도 300개 이상은 되는 것 같다.

나뭇가지 길이도 다양하다. 까치의 몸길이는 평균 48센티미터로 나뭇가지의 길이는 까치 몸길이를 기준으로 가늠하면 된다. 까치 몸길이보다 작은 가지에서부터 두 배가 넘는 가지까지 길이가 다양하다. 아주 짧은 5센티미터 이하인 가지도 둥지 안으로 많이 물어 나른다. 둥지 짓는 과정에 따라 나뭇가지들을 적절하게 사용하는 것을 알 수 있다.

나뭇가지 종류도 다양하다. 특별히 어떤 종류를 좋아하기보다는 주변에서 쉽게 구할 수 있는 나뭇가지를 사용한다. 심지어 가시가 있는 아까시나무와 찔레나무의 가지도 사용하는데 둥지가 완성될 무렵 주로 둥지 위에 꽂아 놓는다. 혹시라도 천적이 내려앉을 경우를 대비한 것인지는 알 수 없다.

나뭇가지 모양도 다양하다. 굵은 것, 가는 것, 직선형을 가장 많이 사용하지만 굽은 것, Y자 모양, 곁가지가 많이 달린 삼지창 모양, T자 모양, 기역자 모양 등 정말 다양하게 사용한다. 또 어떻게 부리로 자를까 싶은 큰 생가지도 잘 꺾어 사용한다.

탄력의 강도가 떨어지는 마른 나뭇가지를 서로 엮어 둥근 형태로 만드는 것은 쉬운 일이 아니다.

모양도, 크기도 개성 넘치는 까치 둥지

나뭇가지를 쓰임과 용도에 맞게 자유자재로 가져다 사용하고, 도구는
부리와 자유자재로 균형을 잡아주는 날개깃이다. 이 두 가지로 불가능할
것 같은 모양을 만들어가니, 까치의 둥지 만드는 기술은 가히 으뜸이며
'나뭇가지의 마술사'라 해도 전혀 손색이 없다.

1구역에서 몇 년 동안 까치를 관찰하면서 흥미로운 사실을 알게 되었
다. 2018년도에 1번 나무에 둥지를 지어 번식한 뒤 2019년도에는 2번 나

무에 둥지를 지어 번식했다. 그해 9월 초, 비바람과 함께 강풍이 몰아쳐도 주변 대부분의 둥지는 그대로였는데 2번 나무의 둥지가 땅에 떨어졌다.

비록 땅에 떨어졌어도, 둥지가 산산이 부서지지 않아 정말 놀라웠다. 나뭇가지가 견고하게 끼워진 곳은 그대로 모양이 살아 있고, 엉성한 곳의 나뭇가지는 여기저기 흩어졌다. 진흙 덩이가 나뒹굴고 꾀죄죄한 솜뭉치 등 둥지 내부의 잔해도 여기저기 나뒹굴었다. 그때 비로소 둥지를 지을 때 진흙을 아주 많이 사용한다는 사실을 알게 되었다.

2020년에 1번 나무에 둥지를 지을 때 2018년도 둥지 위에 2층을 올렸다. 그리고 2021년에도 1번 나무 2층 위에 3층에 둥지를 지어 번식을 준비했다. 2번 나무에는 둥지를 틀지 않는다. 그야말로 경험을 중요하게 여기는 영리한 까치다!

2015년에 까치가 우리 동네 위성 송신탑에 둥지를 틀었다. 한창 번식 중인 4월, 한전에서 인정사정 보지 않고 둥지를 없애 버렸다. 2016년에도 그곳에 또 둥지를 틀자 번식 중에 없애 버렸다. 그러나 2017년에는 나뭇가지 몇 개를 가져다 놓고 기초 작업을 하다가 멈춘 뒤 치과 앞 메타세쿼이아 가로수에 둥지를 지어 번식했다.

그 이후로는 위성 송신탑에 나뭇가지를 물어다 놓지도 않는다. 학습으로 번식 중에 둥지가 없어진다는 것을 알게 된 것 같다. 2021년에는 길 건너 소나무에 둥지를 지었다.